Marianne Kelnberger

Fit für den Übertritt

orientiert an den
von der Kultusministerkonferenz
festgelegten Bildungsstandards
im Fach Mathematik für den Primarbereich
sowie an den Anforderungen
der Prüfungsaufgaben im Probeunterricht.

umweltfreundlich
auf chlorfreiem Papier

ISBN 978-3-89291-**372-6**

Inhaltsverzeichnis

Vorwort für den Lehrer

Für die Eignung eines Schülers zum Eintritt in eine weiterführende Schule ist entscheidend, dass der Lehrstoff der vierten Klasse insbesondere in Deutsch und Mathematik beherrscht wird.

Das Skript „Fit für den Übertritt“ orientiert sich an den von der Kultusministerkonferenz festgelegten Bildungsstandards im Fach Mathematik für den Primarbereich sowie an den Anforderungen der Prüfungsaufgaben im Probeunterricht.

Es umfasst die Teilbereiche „Zahlen und Rechnen“ (Gesetze, Regeln, Fertigkeiten), „Größen und Sachaufgaben“ und „Geometrie“. Dabei werden zuerst die Grundkenntnisse wiederholt und mit Übungsaufgaben gefestigt. Daran schließt sich der Prüfungsteil an. Er beinhaltet 20 Tests mit Aufgaben aus allen Bereichen, wie sie in Aufnahmearbeiten vorkommen. Hier kann der Schüler sein Wissen unter Beweis stellen. Im Anschluss daran befindet sich der ausführliche Lösungsteil, mit dem Lehrer bzw. Schüler die Lösungen kontrollieren können.

Aufgrund der speziellen Konzeption sind die Einsatzmöglichkeiten dieses Buches sehr vielseitig.

- *Unabhängig vom Mathematikbuch kann das Skript das ganze Schuljahr über als Kopiervorlage für Arbeitsblätter verwendet werden. Damit wird der Unterrichtsstoff jeweils am Ende einer Unterrichtseinheit gesichert und vertieft und der Lernprozess erheblich vorangebracht. Im differenzierenden Unterricht kann der Lehrer auch übertrittswillige Schüler mit einem Arbeitsblatt fordern und fördern und sich selbst schwächeren Schülern widmen.*
- *Das Skript kann aber auch am Ende der vierten Jahrgangsstufe zur gesamten Wiederholung des Jahresstoffes eingesetzt werden. Der Lernstoff wird damit erneut aufgegriffen. Auf der Vorderseite des Arbeitsblattes findet der Schüler das Wichtigste kurz zusammengefasst und anhand von Beispielen erläutert. Auf der Rückseite kann er seine Kenntnisse durch die zahlreichen Übungsaufgaben weiter vertiefen. Der „Merkfuchs“ gibt zusätzliche Hinweise oder Tipps und verweist auf Fehler, die - basierend auf jahrelanger Unterrichtserfahrung - immer wieder gemacht werden.*
- *Schließlich kann das Skript auch Eltern empfohlen werden, die ihr Kind optimal auf den Übertritt vorbereiten wollen. Dabei kann das Buch ganz durchgearbeitet werden oder es können gezielt die Teile herausgegriffen werden, in denen das Kind noch unsicher ist. Durch die direkte Anrede des Kindes und die Tipps vom „Merkfuchs“ ist eigenständiges Arbeiten möglich. Mit dem ausführlichen Lösungsteil kann der Schüler seine Bearbeitung selbstständig überprüfen und korrigieren.*

Viel Erfolg bei der Vorbereitung Ihrer Schüler auf den Übertritt in eine weiterführende Schule wünscht Ihnen

M. Kelnberger

(Marianne Kelnberger)

Vorwort für die Eltern

Sie haben sich zusammen mit Ihrem Kind für den Übertritt in eine weiterführende Schule entschieden.
Mit diesem Buch kann Ihr Kind den gesamten Stoff des Mathematikunterrichts der Grundschule wiederholen und sich Vergessenes wieder in Erinnerung rufen. Somit wird Ihr Kind dem erhöhten Anforderungsniveau der weiterführenden Schule besser gewachsen sein und einen leichteren Start haben. Ideal geeignet ist das Buch auch für eine Erfolg versprechende Vorbereitung auf eine eventuelle Aufnahmeprüfung.

Das Skript gliedert sich in einen Teil über nötiges Grundwissen und einen Prüfungsteil.
Der Wissensteil umfasst die Teilbereiche „Zahlen und Rechnen“ (Gesetze, Regeln, Fertigkeiten), „Größen und Sachaufgaben“ und „Geometrie“. Für jeden Lerninhalt wird auf der Vorderseite das Wichtigste kurz zusammengefasst und anhand von Beispielen erläutert. Oft stehen neben den deutschen Begriffen die lateinischen Ausdrücke, um den Übenden auch darin sicher zu machen. In zahlreichen Aufgaben werden die Grundkenntnisse auf der Rückseite wiederholt und geübt. Die Ergebnisse können mit den Lösungen am Ende des Buches verglichen und kontrolliert werden. Der „Merkfuchs“ gibt zusätzlich hilfreiche Tipps. Er weist auch auf Fehler hin, die - auf jahrelanger Unterrichtserfahrung basierend - immer wieder gemacht werden, und hilft Ihrem Kind, diese zu vermeiden.
Der Grundwissensteil kann Stück für Stück durchgearbeitet werden oder es können gezielt die Teile herausgegriffen werden, in denen noch Unsicherheiten bestehen. Durch die direkte Anrede des Kindes und die Tipps vom „Merkfuchs“ ist eigenständiges Arbeiten leicht möglich.

An die Wiederholung der Grundkenntnisse schließt sich der Prüfungsteil mit 20 Tests an. Jeder Test beinhaltet Aufgaben aus allen Bereichen, wie sie in Aufnahmeprüfungen vorkommen. Mit diesen kann Ihr Kind sein Wissen unter Beweis stellen. Auch dazu gibt es selbstverständlich einen ausführlichen Lösungsvorschlag.

Am besten halten Sie Ihr Kind bereits einige Wochen vor einer eventuellen Aufnahmeprüfung dazu an, jeden Tag eine bestimmte Zeit zu üben. Wichtig ist auch, dass es alleine arbeitet. Nach getaner Arbeit kann es seine Bearbeitung mit dem ausführlichen Lösungsteil am Ende des Buches selbstständig überprüfen und korrigieren. Natürlich können Sie die Lösung einer Aufgabe auch gemeinsam überprüfen und die gemachten Fehler besprechen.

Viel Erfolg bei der Vorbereitung auf den Übertritt bzw. bei einer bevorstehenden Aufnahmeprüfung wünscht Ihnen und Ihrem Kind

M. Kelnberger

(Marianne Kelnberger)

Grundwissen - Zahlen und Rechnen

Der Zahlenraum bis zur Million

Unser Zahlensystem ist das Zehnersystem.

Der Wert einer Ziffer hängt von ihrer Stellung in der Zahl ab.
Beispiel: Die Zahl 34 563 in der **Stellenwerttafel:**

M	HT	ZT	T	H	Z	E
Million	Hundert-tausender	Zehn-tausender	Tausender	Hunderter	Zehner	Einer
		3	4	5	6	3

Im Beispiel nennt die Ziffer 3 einmal die Anzahl der Einer (sie hat also den Wert 3) und einmal die Anzahl der Zehntausender (also 3 ZT = 3•10 000, und hat damit den Wert 30 000).
Mit der **Stellenwertschreibweise** wird die Zahl 34 563 so geschrieben:
3 ZT 4 T 5 H 6 Z 3 E oder 3 ZT + 4 T + 5 H + 6 Z + 3 E

Vorsicht: Wenn in der Angabe ein Stellenwert fehlt, wird bei der Zahl an dieser Stelle eine Null geschrieben.
Bsp.: 3 M 4 HT 5 T 2 E = 3 405 002

Der Zahlenstrahl

Der Zahlenstrahl hat den Nullpunkt als Anfangspunkt, aber keinen Endpunkt.
Ist der Nullpunkt nicht zu sehen, handelt es sich um einen Ausschnitt eines Zahlenstrahls.

Der **Abstand** zwischen benachbarten Zahlen ist immer gleich, jedoch kann bei verschiedenen Zahlenstrahlen jeweils eine andere Länge dafür gewählt werden, wie folgendes Beispiel zeigt:

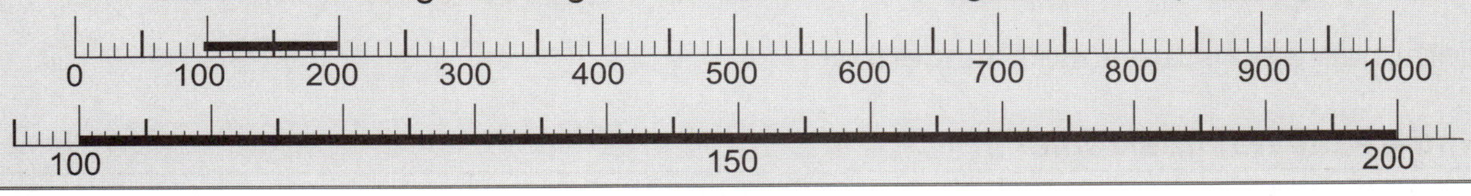

Nachbarzahlen

Die **Einernachbarn** heißen Vorgänger und Nachfolger.
Der **Vorgänger** kommt auf dem Zahlenstrahl **vor** der Zahl und ist immer um eins kleiner als sie, der **Nachfolger** kommt auf dem Zahlenstrahl **nach** der Zahl und ist immer um eins größer.

Vorsicht: **Nachbarzehner** sind nicht um 10 kleiner oder größer als die Zahl, sondern immer **Zehnerzahlen**, d.h. sie haben mindestens eine Null am Ende.
Entsprechend haben **Nachbarhunderter** mindestens zwei Nullen am Ende.
Entscheidend ist dabei immer die Zahl, nicht andere Nachbarzahlen. Bsp.:

Nachbarhunderter	Nachbarzehner	Vorgänger	Zahl	Nachfolger	Nachbarzehner	Nachbarhunderter
5600	5670	5678	5679	5680	5680	5700

Zahlenreihen

Bei Zahlenreihen folgen Zahlen aufeinander, die nach einer bestimmten Rechenvorschrift gebildet werden. Die Aufgabe besteht meist darin, diese Rechenvorschrift (manchmal sind es auch zwei) zu erkennen und weitere Zahlen passend zu ergänzen.

Vorsicht: Überprüfe deine Rechenvorschrift an allen vorhandenen Zahlen.
Beispiel: A $\longrightarrow$ B $\longrightarrow$ 50 $\xrightarrow[+5]{}$ 55 $\xrightarrow[\cdot 2]{}$ 110 $\xrightarrow[+5]{}$ 115 $\xrightarrow[\cdot 2]{}$ 230 $\longrightarrow$ C $\longrightarrow$ D
B muss also die Hälfte von 50 sein, also 25, und A um 5 weniger als B, also 20,
C muss um 5 mehr als 230 sein, also 235, und D das Doppelte von C, also 470.

Der Zahlenraum bis zur Million

❶ *Schreibe als Zahl.*

a) 4ZT 5T 7H 5Z 3E ____________________ b) 5M 2ZT 8H 9E ____________________

*c) 8M 7T 4Z 13E ____________________ *d) 125ZT 17H 23E ____________________

❷ *Wie heißen die fehlenden Zahlen?*

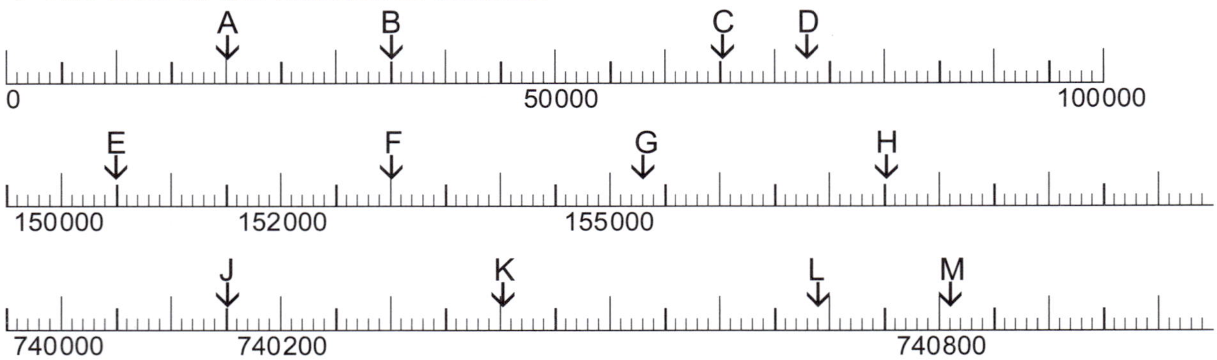

A = ____________ B = ____________ C = ____________ D = ____________

E = ____________ F = ____________ G = ____________ H = ____________

J = ____________ K = ____________ L = ____________ M = ____________

❸ *Schreibe in Ziffern.*

a) zweihunderteinundfünfzigtausendvierunddreißig ____________________

b) vierhundertsechstausendeinhundertzwei ____________________

❹ *Notiere die Nachbarzahlen.*

T	H	Z	E	Zahl	E	Z	H	T
				5839				
				25781				
				49999				
				60001				

❺ *Ergänze die Zahlenfolgen. Schreibe die Rechenvorschrift(en) in das Kästchen.*

a) ______ , ______ , 435, 447, 459, 471, ______ , ______

b) ______ , ______ , 990, 996, 993, 999, ______ , ______

c) ________ , 5685, 5565, 5445, ________ , ________

d) 43981, 43982, 43984, 43987, ________ , ________

e) ______ , ______ , 640, 320, 160, 80, ______ , ______

*f) ______ , 6, 3, 9, 6, 18, 15, 45, ______ , ______

Grundrechenarten: Die Addition
Zusammenzählen (Addieren)

Schreibe beim Addieren die Zahlen sauber untereinander,
Einer unter Einer, Zehner unter Zehner usw.
Beginne das Addieren an der Einerstelle.

Richtige **Schreibweise** und **Sprechweise**:

		8	0	5	3
		9	2	2	4
+	7	7	8	9	1
	2	1	1			gemerkte Ziffern (Übertrag)
	9	5	1	6	8

E: eins, fünf, acht; acht an.
Z: neun, elf, sechzehn; sechs an, eins gemerkt.
H: neun, elf; eins an, eins gemerkt.
T: acht, siebzehn, fünfundzwanzig; fünf an, zwei gemerkt.
ZT: neun; neun an.

Platzhalteraufgaben

Bei Platzhalteraufgaben gehst du folgendermaßen vor:
Beginne wieder bei den Einern, zähle die vorhandenen Ziffern zusammen.
Auf Platzhalter bei den Summanden kommst du durch Ergänzen auf die Ziffer im Ergebnis.
Beachte, dass es sich bei der Summe auch um eine Zehner-Einer-Zahl handeln kann.
Vergiss nicht, die Gemerktziffer zu notieren, und addiere sie bei der nächsten Stelle mit.

Beispiel:

	7	4	■	9	1
		3	8	7	■
+	■	■	5	■	2
	9	0	2	8	9

E: 2, 3; 3 + 6 = 9;
Z: 7, 16; 16 + 2 = 18; 1 gemerkt.
H: 1, 6, 14; 14 + 8 = 22; 2 gemerkt.
T: 2, 5, 9; 9 + 1 = 10; 1 gemerkt.
ZT: 1, 8; 8 + 1 = 9

	7	4	**8**	9	1
		3	8	7	**6**
+	**1**	**1**	5	**2**	2
	1	2	1		
	9	0	2	8	9

Tipp: Überprüfe nach dem Füllen der Platzhalter nochmal die gesamte Rechnung.

Waagrechtes Zusammenzählen

Manchmal stehen die Zahlen, die du zusammenzählen sollst, in einer Zeile.
Beginne auch hier bei den Einern und hake bereits verwendete Ziffern ab,
damit du bei den höheren Stellen nicht durcheinander kommst.

Beispiel: 34 666 + 62 + 196 + 7520 = . . . 44 (2 gemerkt)

Fachbegriffe und Verben zur Addition

356	+	412	=	768
1. Summand		**2. Summand**		**Wert der Summe**
		Summe		

addieren, dazuzählen, erhöhen, hinzufügen, vergrößern, vermehren, zunehmen, zusammenzählen

Kontrollmöglichkeiten beim Addieren

Tauschaufgabe: Du kannst die Summanden vertauschen, das Ergebnis bleibt gleich.
Umkehraufgabe: Wenn du vom Ergebnis einen Summanden abziehst, erhältst du den zweiten Summanden.
Beim **schriftlichen Addieren** kannst du auch von oben nach unten rechnen.

Vorteilhaftes Rechnen

Es rechnet sich leichter, wenn Zahlen zusammen einen vollen Zehner, Hunderter .. ergeben.
Beispiel: 346 + 2308 + 254 = 346 + 254 + 2308 = 600 + 2308 = 2908

Die Addition

➊ *Rechne schriftlich.*

	3	4	5	6	7	8
		9	8	7	6	5
				4	3	2
+		8	6	0	4	2

	9	0	8	1	7	2
				3	3	3
	9	5	9	5	9	5
+			4	1	4	1

			5	6	7
	8	2	7	3	4
				1	1
+	9	0	7	0	5

	4	7	4	8	4
			7	7	7
				2	9
+	6	8	8	3	1

➋ *Addiere die Zahlen waagrecht. Zur Probe schreibe die Zahlen untereinander auf deinen Block und rechne sie zusammen.*

134 876 + 45 837 + 34 + 1 987 + 3 089 = ____________

654 910 + 63 902 + 125 + 55 732 + 234 601 = ____________

39 747 + 28 828 + 555 + 28 007 + 7 269 = ____________

792 156 + 40 904 + 123 + 468 002 + 134 078 = ____________

➌ *Stelle die Zahlen so um, dass du vorteilhaft rechnen kannst. Rechne die Zahlen zuerst wieder waagrecht, dann untereinander zusammen.*

35 826 + 65 837 + 1 174 = ______________________________

63 902 + 125 + 55 775 + 27 098 = ______________________________

19 757 + 8 273 + 28 243 + 7 727 = ______________________________

93 186 + 904 + 14 + 96 + 6 800 = ______________________________

➍ *Findest du die Fehler? Rechne nach und schreibe das richtige Ergebnis darunter.*

	6	7	5	3	5	8
		2	8	5	6	4
			6	0	3	2
+		9	3	2	4	7
	2	2	2	2	2	
	8	0	4	2	0	1

		1	8	5	7	7
			9	4	3	0
	8	8	0	5	9	3
+		3	8	1	4	7
	1	2	1	3	7	
	9	4	6	8	0	7

		9	2	5	7
	7	0	2	5	4
		3	6	9	1
+	1	4	1	0	6
	1				
	9	7	2	9	8

	8	7	1	8	4
	8	4	8	2	7
		5	1	2	8
+			8	4	1
2	2	2	2	2	
2	0	0	0	0	0

➎ *Ergänze die Lücken.*

	6	0		6		8
			8		6	5
+		8	6	0	4	
	9	1	9	7	5	3

	9	2		1		8
		6	4	3	3	
+			4	8	7	1
1	2	0	2		7	4

	4		5		1
		2	7	9	8
+	9	0		0	
2	0	1	2	3	4

	3	5	8	8	0
+		6	8	8	1
	5	2	0	2	0

Grundrechenarten: Die Subtraktion
Abziehen (Subtrahieren)

Schreibe beim Subtrahieren die Zahlen sauber untereinander.
Damit du abziehen kannst, musst du dir manchmal
von der höheren Stelle etwas zu leihen nehmen.

Richtige **Schreibweise** und **Sprechweise**:

	8	^{1}3		
	~~9~~	~~4~~	^{1}1	4
-	7	8	9	1
	1	5	2	3

(Übertrag)

E: 4 minus 1 gleich 3; 3 an.
Z: 1 minus 9 geht nicht; 1 herüber, bleibt 3;
11 minus 9 gleich 2; 2 an.
H: 3 minus 8 geht nicht; 1 herüber, bleibt 8;
13 minus 8 gleich 5; 5 an.
T: 8 minus 7 gleich 1; 1 an.

Rechne immer von oben nach unten!

Platzhalteraufgaben

Bei Platzhalteraufgaben gehst du wie bei einer normalen Aufgabe vor:
Sprich z.B.: „minus wie viel" oder „wie viel minus".

Beispiel:

	■	4	■	4
-	3	■	9	■
	5	7	6	2

E: 4 minus wie viel gleich 2; 4 - [2] = 2;
Z: Wie viel minus 9 gleich 6; [1 5] - 9 = 6;
5 an, 1 herüber, bleibt 3.
H: 3 minus wie viel gleich 7; 13 - [6] = 7;
6 an, 1 herüber, muss gemerkt werden.
T: Wie viel minus 3 gleich 5; [8] - 3 = 5;
die gemerkte 1 muss hinzugezählt werden, also [9].

	8	^{1}3		
	~~9~~	~~4~~	^{1}5	4
-	3	6	9	2
	5	7	6	2

Tipp: Überprüfe nach dem Füllen der Platzhalter nochmal die gesamte Rechnung.

Abziehen mehrerer Zahlen

Zähle erst alle Zahlen, die du abziehen sollst, zusammen und ziehe dann die Summe ab.

Beispiel:

	7	^{2}2	^{2}0	
	~~9~~	~~4~~	~~1~~	^{1}4
	1	6	8	2
-	3	8	9	5
	3	8	3	7

E: 5 plus 2 gleich 7; 4 minus 7 geht nicht.
1 herüber, bleibt 0; 14 minus 7 gleich 7, 7 an.
Z: 9 plus 8 gleich 17, 0 minus 17 geht nicht;
2 herüber, bleibt 2; 20 minus 17 gleich 3; 3 an.
H: 8 plus 6 gleich 14; 2 minus 14 geht nicht;
2 herüber, bleibt 7; 22 minus 14 gleich 8; 8 an.
T: 3 plus 1 gleich 4; 7 minus 4 gleich 3; 3 an.

Fachbegriffe und Verben zur Subtraktion

856	-	412	=	444
Minuend		**Subtrahend**		**Wert**
	\ Differenz /			**der Differenz**

abziehen, subtrahieren, verkleinern, verkürzen, vermindern, verringern

Kontrollmöglichkeiten beim Subtrahieren

Umkehraufgabe: Wenn du zum Ergebnis den Subtrahenden addierst, erhältst du den Minuenden.

Tauschaufgabe: Wenn du vom Minuenden das Ergebnis abziehst, erhältst du den Subtrahenden.

Vorteilhaftes Rechnen

Sind mehrere Zahlen zu subtrahieren, addiere diese zuerst und ziehe dann die Summe ab.
Beispiel: 2308 - 254 - 346 = 2308 - 600 = 1708

Die Subtraktion

❶ *Rechne schriftlich.*

	3	4	5	6
-		9	8	7

	7	8	9	0
-	2	7	1	9

	7	2	8	4
-	3	3	7	7

	5	6	7	0
-	2	3	4	8

	7	4	3	4
-		7	7	7

❷ *Subtrahiere waagrecht. Zur Probe schreibe die Zahlen untereinander auf deinen Block und berechne. Rechne die Platzhalteraufgaben mit der Tauschaufgabe.*

32 576 - 1 987 = ____________ 8 016 - ____________ = 4 898

83 172 - 51 792 = ____________ 9 274 - ____________ = 3 777

78 128 - 28 887 = ____________ 7 333 - ____________ = 2 966

40 904 - 8 972 = ____________ 8 318 - ____________ = 1 689

❸ *Rechne vorteilhaft, indem du erst alle Subtrahenden addierst und anschließend die Summe vom Minuenden subtrahierst.*

5 806 - 837 - 1 174 - 863 = ____________________

3 102 - 125 - 775 - 2 098 = ____________________

9 117 - 273 - 245 - 727 = ____________________

3 186 - 904 - 114 - 796 = ____________________

❹ *Subtrahiere mehrere Zahlen auf einmal schriftlich.*

	7	2	8	5
-		9	6	0
-	1	4	3	2
-		8	8	8

	9	2	0	9
-	1	2	8	0
-	2	1	3	8
-		8	6	9

	9	0	7	0
-	2	2	2	3
-	1	9	5	4
-	4	3	9	8

	9	5	8	4
-	2	0	8	5
-	1	7	8	8
-	2	6	0	8

❺ *Ergänze die Lücken.*

	6	0		6
-	2		8	
		8	6	0

	9	2		1
-		6	4	
	2		4	8

	8		5	
-		2	7	9
	1	0		0

	9		1	
-		7		8
	3	1	9	7

		0	1	
-	2			9
	2	0	2	3

	7			2
-		7	8	9
	2	1	2	

		9	6	
-	2		8	9
	2	0		0

Grundrechenarten: Die Multiplikation
Malnehmen (Multiplizieren)

Schreibe die Ziffern sauber untereinander.
Beginne mit der größten Stelle der zweiten Zahl.

Richtige **Schreibweise** und **Sprechweise**:

	8	3	2	•	5	7
		4	1	6	0	
+			5	8	2	4
			1			
		4	7	4	2	4

5 mal 2 gleich 10, 0 an, 1 gemerkt;
5 mal 3 gleich 15, 15 plus 1 gleich 16, 6 an, 1 gemerkt;
5 mal 8 gleich 40, 40 plus 1 gleich 41, 41 an;
7 mal 2 gleich 14, 4 an, 1 gemerkt;
7 mal 3 gleich 21, 21 plus 1 gleich 22, 2 an, 2 gemerkt;
7 mal 8 gleich 56, 56 plus 2 gleich 58, 58 an.
Anschließend werden die Teilergebnisse der Malaufgaben addiert.

Platzhalteraufgaben

Beispiel:

	5	4	•	❶	❹
		❷	1	6	
+			❻	❺	❸
		❼	❼	❼	4

Lösung:

	5	4	•	4	6
		2	1	6	
+			3	2	4
		2	4	8	4

Bei diesen Aufgaben musst du das Einmaleins beherrschen und gut kombinieren können.

❶ Hier kann 4 oder 9 stehen, denn 4 mal 4 gleich 16 und 9 mal 4 gleich 36.
Um sich entscheiden zu können, muss man weiter rechnen.
4 mal 5 gleich 20, 20 plus 1 gleich 21 (richtig)
oder 9 mal 5 gleich 45, 45 plus 1 gleich 46 (nicht richtig).
Damit ergibt sich ❶ = 4 und ❷ = 2;
❸ Hier muss 4 stehen, da im Ergebnis auch 4 steht.
❹ Hier kann 1 oder 6 stehen, denn 1 mal 4 gleich 4 und 6 mal 4 gleich 24.
Um sich entscheiden zu können, muss man weiter rechnen.
1 mal 5 gleich 5 (falsch, da nicht zweistellig) oder 6 mal 5 gleich 30 (richtig).
Damit ergibt sich ❹ = 6 und ❻❺ = 32.
❼ Diese Ziffern ergeben sich durch das anschließende Zusammenzählen.

Tipp: Überprüfe nach dem Füllen der Platzhalter nochmal die gesamte Rechnung.

Die Zahl Null beim Malnehmen

Wenn du eine Zahl mit Null malnimmst, ist das Ergebnis wieder Null.

	8	**0**	2	•	5	7	**0**
		4	0	1	0		
+			5	6	1	4	**0**
		4	5	7	1	4	**0**

5 mal 2 gleich 10, 0 an, 1 gemerkt;
5 mal **0** gleich **0**, **0** plus 1 gleich 1, 1 an;
5 mal 8 gleich 40, 40 an;
7 mal 2 gleich 14, 4 an, 1 gemerkt;
7 mal **0** gleich **0**, **0** plus 1 gleich 1, 1 an;
7 mal 8 gleich 56, 56 an.
0 mal 2 gleich **0**, **0** mal **0** gleich **0**, **0** mal 8 gleich **0**.
(Statt der drei Nullen wird nur eine Null an das letzte Ergebnis angehängt.)
Anschließend werden die Teilergebnisse der Malaufgaben addiert.

Fachbegriffe und Verben zur Multiplikation

856	•	42	=	35952
Multiplikand		**Multiplikator**		
1. Faktor		**2. Faktor**		**Wert**
Produkt				**des Produkts**

malnehmen, multiplizieren, vervielfachen (verdoppeln, verdreifachen, vervierfachen ..)

Kontrollmöglichkeiten beim Multiplizieren

Tauschaufgabe: Wenn du die zwei Faktoren vertauschst, erhältst du das gleiche Ergebnis.

Umkehraufgabe: Wenn du das Ergebnis durch einen Faktor teilst, erhältst du den anderen Faktor.

Die Multiplikation

❶ ***Bei den folgenden Multiplikationsaufgaben mit einstelligem Faktor ist bei jedem Ergebnis eine Ziffer falsch. Markiere sie farbig.***

•	3649	2764	7384
5	18 345	33 820	36 940
6	21 895	16 564	44 354
7	35 543	18 348	51 788

•	5397	9027	7393
4	22 588	36 008	39 572
8	43 126	70 216	56 144
9	48 583	80 243	66 532

❷ ***Rechne schriftlich. Überschlage zuvor das Ergebnis.***

Ü:
2637 • 45

Ü:
8163 • 82

Ü:
1792 • 34

❸ ***Rechne schriftlich. Überschlage zuvor das Ergebnis. Achte auf die Nullen.***

Ü:
207 • 805

Ü:
810 • 802

Ü:
909 • 704

❹ ***Rechne folgende Aufgaben möglichst vorteilhaft. Überschlage vorher.***

63 • 7152 | Ü:

808 • 952 | Ü:

666 • 845 | Ü:

❺ ***Ergänze die Lücken.***

9	1		7	•	4	
			5	4		
-						9
			9		3	

6		3		•		4
					5	
		2	7	7	4	8
	3		4			

5		4	7	•		
					9	
				3		
			6	6		3

Grundrechenarten: Die Division
Teilen (Dividieren)

Teilen durch eine einstellige Zahl:

Richtige **Schreibweise** und **Sprechweise**:

	9	5	4	:	6	=	1	5	9
-	6				·6				
	3	5							
-	3	0				·6			
		5	4						
	-	5	4				·6		
			0						

9 geteilt durch 6 gleich 1, 1 an, 1 mal 6 gleich 6;
9 minus 6 gleich 3, 3 an; die 5 kommt herab;
35 geteilt durch 6 gleich 5, 5 an, 5 mal 6 gleich 30;
35 minus 30 gleich 5, 5 an; die 4 kommt herab;
54 geteilt durch 6 gleich 9, 9 an, 9 mal 6 gleich 54;
54 minus 54 gleich 0, 0 an.

Teilen durch eine zweistellige Zahl mit Rest:

Richtige **Schreibweise** und **Sprechweise**:

	9	5	4	3	:	2	6	=	3	6	7	R	1
-	7	8					·26						
	1	7	4										
-	1	5	6						·26				
		1	8	3									
	-	1	8	2							·26		
				1									

1. Teilung: Man zählt von der vorderen Zahl so viele Ziffern von links ab, bis eine Zahl entsteht, die größer ist als der Divisor.

95 geteilt durch 26 gleich 3, 3 an, 3 mal 26 gleich 78;
95 minus 78 gleich 17; die 4 kommt herab;
174 geteilt durch 26 gleich 6, 6 an, 6 mal 26 gleich 156;
174 minus 156 gleich 18; die 3 kommt herab;
183 geteilt durch 26 gleich 7, 7 an, 7 mal 26 gleich 182; 183 minus 182 gleich 1, 1 an. Rest 1.

Platzhalteraufgaben

Beispiel:

	8	3	4	❼	:	❷	9	=	2	❹	❽
-	❶	❶									
		5	❸								
	-	❺	9								
		1	❻	❼							
	-	❾	❾	❾							
				0							

❶ 83 minus 5 gleich 78;
❷ 2 mal den Divisor genommen muss 78 ergeben, also rechnet man 78 geteilt durch 2 gleich 39. Damit ergibt sich ❷ = 3.
❸ Hier muss 4 stehen, da die 4 herabkommt.
❹ Hier muss 1 stehen, denn in 54 geht 39 nur einmal hinein, damit folgt ❺ = 3.
54 minus 39 gleich 15, somit ergibt sich ❻ = 5.
❽ Nun ist eine Zahl gesucht, die mit 39 multipliziert etwas mehr als 150 ergeben muss. Dafür kommt nur 4 in Frage, da 4 mal 39 gleich 156.
Somit ergibt sich ❽ = 4 und ❾ =156 und damit ❼ = 6.

Tipp: Überprüfe nach dem Füllen der Platzhalter nochmal die gesamte Rechnung.

Fachbegriffe und Verben zur Division

6816	•	24	=	284
Dividend		**Divisor**		**Wert**
\ **Quotient** /				**des Quotienten**

dividieren, teilen, halbieren (die Hälfte), dritteln (geteilt durch 3), vierteln (geteilt durch 4, der vierte Teil), der x-te Teil

Kontrollmöglichkeiten beim Dividieren

Umkehraufgabe: Wenn du das Ergebnis mit dem Divisor multiplizierst (und den eventuellen Rest dazu addierst), erhältst du den Dividenden.
Beachte: Der Rest muss immer kleiner als der Divisor sein, sonst könnte man den Rest nochmal teilen.

Die Division

➊ *Merke dir folgende Teilbarkeitsregeln. Dann weißt du sofort, ob bei der Aufgabe ein Rest bleibt oder nicht.*

Eine Zahl ist durch 2 teilbar, wenn sie gerade ist.
Eine Zahl ist durch 4 teilbar, wenn die letzten zwei Ziffern der Zahl, durch 4 teilbar sind.
Eine Zahl ist durch 8 teilbar, wenn die letzten drei Ziffern der Zahl, durch 8 teilbar sind.
Eine Zahl ist durch 5 teilbar, wenn die letzte Ziffer der Zahl eine 0 oder eine 5 ist.
Eine Zahl ist durch 3 teilbar, wenn die Quersumme der Zahl durch 3 teilbar ist.
Eine Zahl ist durch 9 teilbar, wenn die Quersumme der Zahl durch 9 teilbar ist.
Eine Zahl ist durch 6 teilbar, wenn sie gerade und ihre Quersumme durch 3 teilbar ist .

Überprüfe folgende Aufgaben auf Teilbarkeit und kennzeichne Aufgaben, bei denen kein Rest bleibt, durch ein Kreuz. Wenn du willst, dividiere schriftlich in deinem Heft.

:	273 645	572 760	117 384
3			
4			
5			

:	355 392	759 024	617 496
6			
8			
9			

➋ *Rechne schriftlich. Überschlage zuvor das Ergebnis. Rechne auch die Probe.*

Ü:

2 3 0 3 1 0 : 4 5 =
-

Ü:

3 7 6 9 5 4 : 8 2 =
-

➌ *Bestimme die fehlenden Ziffern. Überschlage vorher. Rechne auch die Probe.*

Ü:

4 _ 8 _ _ : _ 3 = 7 _ _
- 4 _ _
  4 _ 8
 - _ _ _
   3 7 _
  - _ _ _
       0

Ü:

1 _ 7 _ _ : 5 _ = 2 _ _
- _ 0 _
  1 9 _
 - _ _ _
   3 2 _
  - _ _ _
       0

Die Verbindung der vier Grundrechenarten (Kettenrechnungen)

In einer Kettenrechnung kommen sowohl
Strichaufgaben (das sind Plus- und Minusrechnungen)
als auch **Punktaufgaben** (das sind Mal- und Geteiltaufgaben) vor.

Beachte beim Ausrechnen die Regel: **„Punkt vor Strich“,**
d.h. Punktaufgaben musst du vor den Strichaufgaben ausrechnen.

Enthält deine Kettenrechnung auch Klammern,
so müssen die Aufgaben in den **Klammern** zuerst berechnet werden.

Eselsbrücke: KlaPS-Regel:
Klammerregel vor „Punkt vor Strich“-Regel beachten.

Sind nur noch Strich-Rechnungen übrig, rechnest du diese der Reihenfolge nach.
also von links nach rechts.

Die folgenden Beispiele zeigen dir, dass es wichtig ist, diese Regeln einzuhalten, um das richtige Ergebnis zu erhalten.

1. Beispiel zur „Punkt vor Strich“-Regel:

$6 + 4 \cdot 3 - 6 : 2 =$
$6 + 12 - 3 =$
$18 - 3 = \underline{15}$

aber falsch:

~~$6 + 4 \cdot 3 - 6 : 2 =$~~
~~$10 \cdot 3 - 6 : 2 =$~~
~~$30 - 6 : 2 =$~~
~~$24 : 2 = \underline{12}$~~

2. Beispiel zur Klammer(KlaPS)-Regel:

$(6 + 4) \cdot (2 + 8) + 5 =$
$10 \cdot 10 + 5 =$
$100 + 5 =$
$\underline{105}$

aber falsch:

~~$(6 + 4) \cdot (2 + 8) + 5 =$~~
~~$6 + 8 + 8 + 5 =$~~
~~$14 + 8 + 5 =$~~
~~$22 + 5 = \underline{27}$~~

3. Beispiel: Nur noch Strich-Rechnungen:

$6 + 4 - 3 + 5 - 2 =$
$10 - 3 + 5 - 2 =$
$7 + 5 - 2 =$
$12 - 2 = \underline{10}$

aber falsch:

~~$6 + 4 - 3 + 5 - 2 =$~~
~~$10 - 8 - 2 =$~~
~~$2 - 2 =$~~
~~$\underline{0}$~~

Beachte:

Wenn du bei Aufgaben mit einem Ergebnis weiter rechnen musst
(z.B. bei Zahlenrätseln),
darfst du das Gleichheitszeichen (=) nur verwenden,
wenn du auch die noch nicht gelösten Rechnungen mitnotierst.

4. Beispiel zur Schreibweise:

Wenn du 3 mit 5 multiplizierst und dann 2 addierst, erhältst du meine Zahl.

Richtige Schreibweise:
$3 \cdot 5 + 2 = 15 + 2 = 17$

Falsche Schreibweise:
~~$\boxed{3 \cdot 5} = 15 + 2 = \boxed{17}$~~
denn damit wäre $3 \cdot 5$ dasselbe wie 17.

Die Verbindung der vier Grundrechenarten

❶ *Berechne folgende Aufgaben. Achte auf mathematisch korrekte Schreibweise.*

$563 - 27 : 3 + 9 \cdot 7 =$

$805 - 56 : 8 + 9 \cdot 6 =$

$712 - 77 \cdot 5 - 8 \cdot 4 =$

$901 - 62 \cdot 4 + 91 : 7 =$

❷ *Berechne folgende Aufgaben. Achte auf mathematisch korrekte Schreibweise.*

$56 + (17 \cdot 3 - 3 \cdot 7) =$

$91 - (26 \cdot 3 - 9 \cdot 4) =$

$72 \cdot 4 - (75 - 9 \cdot 3) =$

$83 \cdot 3 - (91 - 8 \cdot 8) =$

❸ *Berechne beide Seiten. Vergleiche dann die Ergebnisse. Setze richtig ein: $\boxed{<}$, $\boxed{=}$, $\boxed{>}$.*

a) $72 : 6 - 2 \cdot 3 + 6 \cdot 7 \ \square \ 72 : (6 - 2) \cdot 3 + 6 \cdot 7$

b) $12 \cdot 9 - 7 \cdot 7 - 6 \cdot 3 \ \square \ 12 \cdot 9 - (7 \cdot 7 - 6 \cdot 3)$

c) $23 \cdot 8 - 4 \cdot 3 \cdot 2 \ \square \ 23 \cdot (8 - 4) \cdot 3 \cdot 2$

d) $98 : 2 - 3 \cdot 8 + 6 + 9 \ \square \ 98 : 2 - 3 \cdot 8 + (6 + 9)$

e) $96 : 3 + 6 \cdot 8 - 5 \cdot 7 \ \square \ 96 : 3 + (6 \cdot 8 - 5 \cdot 7)$

f) $32 \cdot 6 - 2 \cdot 36 : 9 \ \square \ 32 \cdot 6 - 2 \cdot (36 : 9)$

Zahlenrätsel

Zahlenrätsel löst du am leichtesten,
indem du den Text einfach in mathematische Zeichen,
also Rechenzeichen und Ziffern, „übersetzt“.

Beispiel:
Addiere das Sechsfache von 2 zum Fünffachen von 4 und subtrahiere davon das Doppelte von 3.

+ 6 • 2 5 • 4 – 2 • 3

Dein Rechenausdruck muss also heißen:

6 • 2 + 5 • 4 – 2 • 3 = □

Bei Minusaufgaben musst du besonders auf das Wörtchen
„vom“
achten, damit du weißt, was an die Stelle des Minuenden bzw.
des Subtrahenden tritt.
Der Minuend ist die Zahl (die Rechnung), die im Text nach dem Wörtchen „**vo**n“ steht,
und steht damit im Rechenausdruck **vo**rne.

Beispiel:
Subtrahiere **vom** Produkt der Zahlen 4 und 3 den Quotienten der Zahlen 24 und 8.

– **von** 4 • 3 24 : 8

Dein Rechenausdruck muss also heißen:

4 • 3 – 24 : 8 = □

aber:
Subtrahiere das Produkt der Zahlen 4 und 2 **vom** Quotienten der Zahlen 24 und 3.

– 4 • 2 **von** 24 : 3

Dein Rechenausdruck muss also heißen:

24 : 3 – 4 • 2 = □

Auch beim Teilen musst du genau lesen,
was du durch was dividieren sollst.

Beispiel 1:
Dividiere das Produkt der Zahlen 9 und 8 durch die Summe der Zahlen 7 und 5.

: 9 • 8 7 + 5

Dein Rechenausdruck muss also heißen:

9 • 8 : (7 + 5) = □

Beispiel 2:
Dividiere die Summe der Zahlen 70 und 5 durch das Produkt der Zahlen 5 und 3.

: 70 + 5 5 • 3

Dein Rechenausdruck muss also heißen:

(70 + 5) : (5 • 3) = □

Beispiel für eine Platzhalteraufgabe:
Wenn ich von meiner Zahl das Produkt aus 3 und 4 subtrahiere, erhalte ich den Quotienten aus 6 und 2.

□ 3 • 4 – = 6 : 2

Dein Rechenausdruck muss also heißen:

□ – 3 • 4 = 6 : 2

Zahlenrätsel

Notiere zu jedem Zahlenrätsel zuerst den Rechenausdruck. Berechne dann die gesuchte Zahl. Wenn dir der Platz nicht reicht, rechne in deinem Heft.

❶ Die Summe von drei Zahlen ist 136 156. Die erste Zahl ist 70 832, die zweite Zahl ist der vierte Teil der ersten. Wie heißen die zweite und dritte Zahl.

❷ Subtrahiere den 67. Teil von 47 436 vom 87-fachen von 3 097.

❸ Multipliziere die Differenz der Zahlen 60 059 und 59 190 mit 609 und dividiere das Ergebnis durch 87.

❹ Addiere zur Summe der Zahlen 387 596 und 69 756 die Differenz dieser beiden Zahlen.

❺ Addiere zum Quotienten aus 309 024 und 48 den Quotienten aus 212 016 und 56.

Das Runden von Zahlen

1. Rundungsregel:
Bei 0, 1, 2, 3, 4 wird abgerundet, bei 5, 6, 7, 8, 9 wird aufgerundet.
2. Rundungsregel:
Entscheidend ist immer die nächstkleinere Stelle vor der Rundungsstelle, also die von der Rundungsstelle rechts liegende Ziffer.

So gehst du am besten vor:
1) Markiere die Stelle, auf die du runden sollst.
2) Betrachte die rechts davon stehende Ziffer.
Ist diese 0, 1, 2, 3 oder 4 musst du abrunden, d. h. die Rundungsstelle bleibt gleich, alle kleineren Stellen erhalten eine Null.
Ist sie 5, 6, 7, 8 oder 9 musst du aufrunden, d. h. die Rundungsstelle wird um eins erhöht, alle kleineren Stellen erhalten eine Null.

Vorsicht: Steht an der Rundungsstelle die Ziffer 9, wirkt sich die Erhöhung um 1 auch auf die höheren Stellen aus.

Beispiel: Runde alle folgenden Zahlen auf die Tausenderstelle.

3049 ≈ 3000	3549 ≈ 4000	519049 ≈ 519000	519549 ≈ 520000
3149 ≈ 3000	3649 ≈ 4000	519149 ≈ 519000	519649 ≈ 520000
3249 ≈ 3000	3749 ≈ 4000	519249 ≈ 519000	519749 ≈ 520000
3349 ≈ 3000	3849 ≈ 4000	519349 ≈ 519000	519849 ≈ 520000
3449 ≈ 3000	3949 ≈ 4000	519449 ≈ 519000	519949 ≈ 520000
• Tausenderstelle markieren		• Tausenderstelle markieren	
• abrunden	• aufrunden	• abrunden	• aufrunden

Das Überschlagen

Unter Überschlagen versteht man das Rechnen mit gerundeten Zahlen.
Das ist z. B. sinnvoll
- zum Überprüfen von Ergebnissen
- um sich einen Überblick zu verschaffen, in welchem Größenbereich sich das Ergebnis befindet.

Merke:
Je stärker du die Zahlen rundest, um so leichter ist der Überschlag zu rechnen, aber um so ungenauer ist er meist.

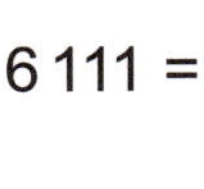

Beispiel:
Berechne: 2 567 + 3 544
Genaues Ergebnis: 6 111
Überschlag (Zahlen gerundet auf die Tausenderstelle):
3 000 + 4 000 = 7 000 (leicht zu rechnen, Rundungsfehler aber 7 000 - 6 111 = 889)
Überschlag (Zahlen gerundet auf die Hunderterstelle):
2 600 + 3 500 = 6 100 (nicht so leicht zu rechnen, Rundungsfehler aber nur 6 111 - 6 100 = 11)
Überschlag (Zahlen gerundet auf die Zehnerstelle):
(nur der Vollständigkeit angegeben, aber nicht praktikabel)
2570 + 3540 = 6 110 (kaum Rechenerleichterung, kleiner Rundungsfehler 6 111 - 6 110 = 1)
Beachte: Zum Berechnen des Rundungsfehlers muss immer die größere Zahl vorne stehen.

Runden und Überschlagen

➊ ***Fülle die Tabelle aus. Gehe dabei immer von der Ausgangszahl aus.***

Zahl	gerundet auf H	gerundet auf T	gerundet auf ZT	gerundet auf HT
605 918				
891 793				
779 099				
623 896				
867 909				

➋ ***Runde auf die angegebene Stelle und gib jeweils den Rundungsfehler an. Gehe dabei immer von der Ausgangszahl aus.***

Rundungsfehler	gerundet auf H	Zahl	gerundet auf ZT	Rundungsfehler
		784 598		
		873 472		
		502 287		
		820 666		

➌ ***Von einer Konzerttournee einer bekannten Popgruppe wurden die Besucherzahlen auf Tausender bzw. Zehntausender gerundet angegeben. Wie viele tatsächliche Besucher können es jeweils höchstens und müssen es jeweils mindestens gewesen sein?***

geringste Besucherzahl	gerundete Besucherzahl	höchste Besucherzahl
	465 000	
	874 000	
	567 000	
	799 000	

geringste Besucherzahl	gerundete Besucherzahl	höchste Besucherzahl
	350 000	
	560 000	
	470 000	
	410 000	

➍ ***Runde wie angegeben und gib den Rundungsfehler an.***

Aufgabe: Runde ...	gerundete Zahl	Rundungsfehler
... 759 cm auf m.		
... 4056 g auf kg.		
... 34 567 m auf km.		
... 14 678 ml auf l.		

Aufgabe: Runde ...	gerundete Zahl	Rundungsfehler
... 4040 mm auf m.		
... 68 345 kg auf t.		
... 39 111 m auf km.		
... 28 603 l auf hl.		

➎ ***Überlege dir selbst Fragen und überschlage die Ergebnisse:***

Im Freizeitbad Aqua Therme wurden im März 12 649 Erwachsenenkarten und 24 769 Kinderkarten verkauft, im April waren es 14 593 bzw. 29 406 Karten.

Grundwissen - Rechnen mit Größen

Wichtige Begriffe

Zu den wichtigsten Größen im Alltag gehören die **Währung**, die **Länge**, die **Masse**, die **Hohlmaße**, die **Fläche** und die **Zeit**.
Jede Größe hat ihre eigene **Einheit**.
Eine Größenangabe besteht immer aus einer **Maßzahl** und einer **Maßeinheit**.
Beispiel:

Größenangabe	4 €	5 m	8 g	6 ℓ	3 min
Maßzahl	4	5	8	6	3
Maßeinheit	€ (Euro)	m (Meter)	g (Gramm)	ℓ (Liter)	min (Minute)

Schreibweise

Größenangaben können auf verschiedene Weise geschrieben werden:

- in der kleinsten vorkommenden Einheit
- mit mehreren Einheiten einer Größe (gemischte Schreibweise)
- in Kommaschreibweise mit Angabe der größeren Einheit

Beispiel: 5 € + 60 Ct

- 560 Ct
- 5 € 60 Ct
- 5,60 €

Umwandlung von Größen

Verschiedene Einheiten einer Größe können ineinander umgewandelt werden.
Eselsbrücke:
Wird die Maßeinheit **kleiner**, dann wird die Maßzahl **größer**.
Wird die Maßeinheit **größer**, dann wird die Maßzahl **kleiner**.
Beispiel:
500 cm = 5000 mm (Einheit kleiner, Zahl größer)
500 cm = 5 m (Einheit größer, Zahl kleiner)

Die Währung „Euro" als Größe (Geldeinheiten)

Es gibt zwei Maßeinheiten: Euro (€) und Cent (Ct). Dabei gilt:

1 € = 100 Ct

Die Umrechnungszahl ist 100.

: 100
Ct → €
Ct ← €
· 100

Merke: Das Komma trennt Euro und Cent.
1 Ct = 0,01 €
10 Ct = 0,10 €
100 Ct = 1,00 €

Beispiel zum Umwandeln: 4 € 59 Ct (gemischte Schreibweise) = 459 Ct = 4,59 € (mit Komma).

Merke: Beim Rechnen ist es einfacher ohne Komma zu rechnen.
Das heißt, dass du erst alles in Cent umwandelst, dann rechnest und zum Schluss das Ergebnis in Kommaschreibweise angibst.

Die Währung „Euro“ als Größe - Geldeinheiten

❶ *Gib in der angegebenen Einheit an.*

	in € und Ct		in Ct		in €
675 Ct =		4,65 € =		3 € 87 Ct =	
5928 Ct =		0,34 € =		40 Ct =	
60,35 € =		3 € 7 Ct =		2 Ct =	
130 Ct =		40 € 57 Ct =		500 € 45 Ct =	
56 Ct =		12 € 40 Ct =		3 € 5 Ct =	

❷ *Wie viel fehlt jeweils auf 100 Euro? Gib das Ergebnis in allen drei Schreibweisen an.*

	in € und Ct	in Ct	in €
675 Ct + ☐ = 100 €			
5928 Ct + ☐ = 100 €			
60,35 € + ☐ = 100 €			
130 Ct + ☐ = 100 €			
56 Ct + ☐ = 100 €			

❸ *Rechne schriftlich untereinander. Wandle zuvor alle Angaben in die gleiche Einheit um. Rechnest du mit Komma, dann achte darauf, dass Komma unter Komma steht.*

a) 2 € + 3 Ct + 4,85 €
b) 3 467 Ct + 7 € 5 Ct + 3,45 €
c) 5 € 7 Ct + 32 Ct + 56 €
d) 234 € 67 Ct - 45,26 €
e) 9,67 € - 7 € 56 Ct - 132 Ct
f) 23 456 Ct - 34 € 5 Ct - 67 Ct

❹ *Berechne schriftlich. Wandle vor dem Rechnen in Cent um. Gib das Ergebnis in Euro an.*

a) 512,46 € • 13
b) 709 € 15 Ct • 25
c) 435 € 12 Ct : 6
d) 609,75 € : 15

Die Länge als Größe (Längeneinheiten)

Die Grundeinheit ist der Meter (m).
Daneben sind bei uns gebräuchlich der Kilometer (km),
der Dezimeter (dm), der Zentimeter (cm) und der Millimeter (mm).

1 m = 10 dm
1 dm = 10 cm
1 cm = 10 mm

Die Umrechnungszahl ist 10.

mm → (: 10) → cm → (: 10) → dm → (: 10) → m
m → (• 10) → dm → (• 10) → cm → (• 10) → mm

Die Einheiten zwischen Meter und Kilometer sind nicht gebräuchlich.
Deshalb ist die Umrechnungszahl 1000 und es gilt:

1 km = 1000 m

m → (: 1000) → km
km → (• 1000) → m

Beispiele:

1 78 m = 78 • 10 dm = 780 dm = 780 • 10 cm = 7800 cm = 7800 • 10 mm = 78000 mm

2 45000 mm = 45000 : 10 cm = 4500 cm = 4500 : 10 dm = 450 dm = 450 : 10 m = 45 m

Beachte beim Rechnen:

Um **Größen addieren oder subtrahieren** zu können,
muss jeweils die gleiche Einheit gewählt werden.
Deshalb kann es sein, dass du vor dem Rechnen
die Längeneinheiten erst umwandeln musst.

Beim **schriftlichen Multiplizieren** ist es oft leichter, in der kleineren Einheit
als mit Komma zu rechnen. Vergiss die Benennung beim Ergebnis nicht.

Beachte beim **Dividieren**:
Größe dividiert durch Größe mit gleicher Einheit ergibt eine Zahl,
Größe dividiert durch eine Zahl ergibt die Größe.

Beispiele:

3,4 km + 300 m + 2300 cm = 3400 m + 300 m + 23 m = 3723 m = 3,723 km

5,8 km • 34 = 5800 m • 34 = 197200 m = 197,2 km

5400 m : 6 m = 900, aber 5400 m : 6 = 900 m

Die Länge als Größe - Längeneinheiten

➊ ***Gib in der angegebenen Einheit an. Beachte: Wird die Einheit kleiner, wird die Zahl größer.***

	in m		in cm		in mm
4 km =		4 m =		7 m =	
5 km 928 m =		3 m 84 cm =		4 m 6 cm =	
6 km 35 m =		3 m 7 dm =		8 dm =	
6,5 km =		4,68 m =		52 m =	

➋ ***Gib in der angegebenen Einheit an. Beachte: Wird die Einheit größer, wird die Zahl kleiner.***

	in km		in m		in dm
48 000 m =		43 000 mm =		700 mm =	
57 828 m =		7840 cm =		860 cm =	
9 km 345 m =		3800 dm =		8 dm 4 cm =	
6 km 50 m =		4 m 67 cm =		57000 mm =	

➌ ***Rechne schriftlich. Wandle zuvor alle Angaben in die gleiche Einheit um.***

a) 54 m + 654 cm + 23 dm b) 2 km 567 m + 3,5 km + 460 m c) 34 cm + 5 cm 4 mm
d) 9300 cm - 5 m 78 cm e) 7 km - 570 m - 1,5 km f) 7,2 m - 4567 mm

➍ ***Berechne schriftlich. Wandle vor dem Rechnen in die kleinere Einheit um. Gib das Ergebnis in der größtmöglichen Einheit an.***

a) 25 • 5 m 56 cm b) 3,6 km • 52 c) 5 km 532 m : 6 d) 41 m 4 mm : 36

Die Masse als Größe (Gewichtseinheiten)

Die Grundeinheit ist das Kilogramm (kg).
Daneben gibt es noch das Gramm (g), das Milligramm (mg) und die Tonne (t).

1 t = 1000 kg
1 kg = 1000 g
1 g = 1000 mg

Die Umrechnungszahl ist 1000.

mg → g → kg → t (jeweils : 1000)
t → kg → g → mg (jeweils • 1000)

Beispiele:

1 7 kg = 7 • 1 000 g = 7 000 g = 7 000 • 1 000 mg = 7 000 000 mg

2 4 t = 4 • 1 000 kg = 4 000 kg = 4 000 • 1 000 g = 4 000 000 g

3 16 000 000 mg = 16 000 000 : 1 000 g = 16 000 g = 16 000 : 1 000 kg = 16 kg

4 555 000 000 mg = 555 000 000 : 1 000 g = 555 000 g = 555 000 : 1 000 kg = 555 kg =
= 555 : 1 000 t = 0,555 t

Beachte beim Rechnen:

Um **Massen addieren oder subtrahieren** zu können, muss jeweils die gleiche Einheit gewählt werden. Deshalb kann es sein, dass du vor dem Rechnen die Gewichtseinheiten erst umwandeln musst.

Beim **schriftlichen Multiplizieren** ist es oft leichter, in der kleineren Einheit zu rechnen. Vergiss die Benennung beim Ergebnis nicht.

Beachte beim **Dividieren**:
Größe dividiert durch Größe mit gleicher Einheit ergibt eine Zahl,
Größe dividiert durch eine Zahl ergibt die Größe.

Beispiele:

5,4 t + 569 kg + 45 000 g = 5 400 kg + 569 kg + 45 kg = 6 014 kg = 6,014 t

5,8 kg • 34 = 5 800 g • 34 = 197 200 g = 197,2 kg

2 400 g : 6 g = 400, aber 2 400 g : 6 = 400 g

Die Masse als Größe - Gewichtseinheiten

❶ ***Gib in der angegebenen Einheit an.***

	in kg		in g		in mg
5,6 t =		4 kg 562 g =		72 g =	
5 t 60 kg =		7,5 kg =		573 g =	
66 000 g =		61 000 mg =		6 kg =	
45 700 g =		123 000 mg =		1 t =	

❷ ***Ordne der Größe nach. Beginne mit der kleinsten.***

675 g - 4900 mg - 0,46 kg - 0,000043 t - 51 g - 0,5 kg - 5,001 kg - 40200 mg

❸ ***Rechne schriftlich. Wandle zuvor alle Angaben in die gleiche Einheit um. Gib das Ergebnis in der in Klammer angegebenen Einheit an.***

a) 1 t 568 kg + 390 kg (t) b) 34 g + 5600 mg + 2 g (g) c) 4,5 kg + 340 g + 160 kg (kg)
d) 430 g - 32000 mg (g) e) 5 t - 486 kg - 1,5 t (t) f) 72 g - 54 mg (g)

❹ ***Berechne schriftlich. Wandle vor dem Rechnen in die kleinere Einheit um. Achte darauf, ob und, wenn ja, welche Benennung du bei dem Ergebnis brauchst.***

a) 54 • 5 kg 562 g b) 4,6 t • 78 c) 5 kg 808 g : 3 g d) 15 t 174 kg : 27

Hohlmaße als Größen (Flüssigkeitsmaße)

Den Begriff „Hohlmaße“ kannst du dir erklären, wenn du daran denkst, dass man Flüssigkeiten in hohle Gefäße schüttet.
Man verwendet die Einheiten Liter (ℓ) und Milliliter (mℓ) für kleine Flüssigkeitsmengen.

1 ℓ = 1000 mℓ

Die Umrechnungszahl ist 1000.

: 1000
mℓ → ℓ
ℓ → mℓ
• 1000

Für große Flüssigkeitsmengen verwendet man die Einheit Hektoliter (hℓ).

1 hℓ = 100 ℓ

Vorsicht: Die Umrechnungszahl ist 100 !!!

: 100
ℓ → hℓ
hℓ → ℓ
• 100

Teile (Bruchteile) vom Ganzen

Im täglichen Leben, z. B. bei Kochrezepten, findet man häufig Bruchteile von einem Liter als Angaben.
Die wichtigsten solltest du kennen:

$\frac{1}{2}$ ℓ = 500 mℓ = 0,5 ℓ
$\frac{1}{4}$ ℓ = 250 mℓ = 0,25 ℓ
$\frac{1}{8}$ ℓ = 125 mℓ = 0,125 ℓ
$\frac{3}{4}$ ℓ = 750 mℓ = 0,75 ℓ
$\frac{1}{3}$ ℓ ≈ 333 mℓ ≈ 0,33 ℓ

Beispiele:

1 3 ℓ = 3 • 1 000 mℓ = 3 000 mℓ

2 4 000 mℓ = 4 000 : 1 000 ℓ = 4 ℓ

3 5 hℓ = 5 • 100 ℓ = 500 ℓ = 500 • 1 000 mℓ = 500 000 mℓ

4 5 000 000 mℓ = 5 000 000 : 1 000 ℓ = 5 000 ℓ = 5 000 : 100 hℓ = 50 hℓ

Hohlmaße als Größe - Flüssigkeitsmaße

❶ *Gib in der angegebenen Einheit an.*

	in hl		in ℓ		in ml
400 ℓ =		4 hl 62 ℓ =		7 ℓ =	
5 000 ℓ =		8,5 hl =		5 ℓ 345 ml =	
6 500 ℓ =		76 000 ml =		6 hl =	
545 000 ml =		1 500 ml =		0,2 ℓ =	

❷ *Ordne der Größe nach. Beginne mit der kleinsten.*

$\frac{1}{2}$ ℓ - $\frac{1}{4}$ ℓ - 4 002 ml - $\frac{1}{8}$ ℓ - $\frac{1}{3}$ ℓ - 0,5 ℓ - 5,5 ℓ - 4 200 ml

❸ *Ergänze auf einen Liter.*

497 ml	0,33 ℓ	$\frac{1}{8}$ ℓ	0,84 ℓ	$\frac{1}{4}$ ℓ	0,5 ℓ	$\frac{1}{3}$ ℓ	0,2 ℓ

❹ *Rechne schriftlich. Wandle zuvor alle Angaben in die kleinere Einheit um. Gib das Ergebnis in der größeren Einheit in Kommaschreibweise an.*

a) 4 hl 55 ℓ + 3,5 hl
b) 5 782 ml + $\frac{1}{8}$ ℓ
c) 0,4 ℓ + $\frac{1}{3}$ ℓ
d) 8 hl 30 ℓ - 4,25 hl
e) 3 701 ml - $\frac{1}{4}$ ℓ
f) 0,8 ℓ - $\frac{1}{8}$ ℓ

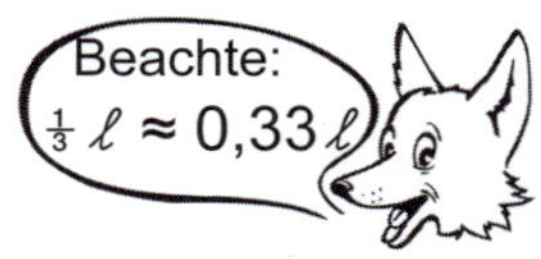

❺ *Wie oft kannst du folgende Gefäße jeweils mit sieben Litern Wasser füllen?*

1 ℓ	0,2 ℓ	$\frac{1}{4}$ ℓ	0,1 ℓ	$\frac{1}{2}$ ℓ	0,7 ℓ

Die Zeit als Größe
(Umwandeln von Zeiteinheiten)

Größere Zeiteinheiten sind
Jahr, Monat, Woche und Tag.
Dabei gilt:

1 Tag (d) = 24 Stunden (h)
1 Woche = 7 Tage
1 Jahr = 12 Monate = 52 Wochen = 365 Tage (Schaltjahr 366 Tage)
Die Monate haben 28 bis 31 Tage.

Das Umrechnen ist hier etwas schwieriger. Du musst mit obigen Zahlen rechnen.
Denke daran:
Wird die Einheit kleiner, wird die Zahl größer.
Du musst also mit den Umrechnungszahlen malnehmen.
Wird die Einheit größer, wird die Zahl kleiner.
Du musst also durch die Umrechnungszahlen teilen.

Beispiele:

1 4 d = 4 • 24 h = 96 h

2 5 Jahre = 5 • 12 Mon. = 60 Mon. = 60 • 30 d = 1800 d
Beachte: Besonders im Geschäftsbereich rechnet man gern
1 Mon. ≙ 30 Tage
1 Mon. ≙ 4 Wochen

Kleinere Zeiteinheiten sind
Stunde, Minute und Sekunde.
Dabei gilt:

1 Stunde (h) = 60 Minuten (min)
1 Minute (min) = 60 Sekunden (s)

Die Umrechnungszahl ist 60.

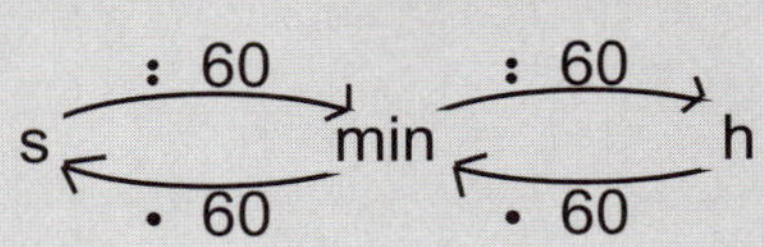

Beispiele:

1 5 h = 5 • 60 min = 300 min = 300 • 60 s = 18000 s

2 136800 s = 136800 : 60 min = 2280 min = 2280 : 60 h = 38 h = 38 : 24 d = 1 d 14 h
Beachte: Wenn die Geteiltaufgabe nicht aufgeht,
musst du den Rest mit der kleineren Zeiteinheit anschreiben.

Teile (Bruchteile) vom Ganzen

Auch bei den Stunden spricht man gern in Brüchen.
Auswendig solltest du wissen:

$\frac{1}{2}$ h = eine halbe Stunde = 60 min : 2 = 30 min
$\frac{1}{4}$ h = eine Viertelstunde = 60 min : 4 = 15 min
$\frac{3}{4}$ h = eine Dreiviertelstunde = 60 min : 4 • 3 = 45 min

Grundwissen - Übung

Die Zeit als Größe - Umwandeln von Zeiteinheiten

❶ ***Gib in der angegebenen Einheit an. Rechne auf ein gesondertes Blatt.***

	in Tagen		in Wochen		in Monaten
7 Wochen =		2 Jahre =		14 Jahre =	
3 Jahre =		154 Tage =		5 $\frac{1}{2}$ Jahre =	
2 $\frac{1}{2}$ Monate =		469 Tage =		7920 Tage =	
1 Jahr und drei Wochen =		Mai, Juni und Juli =		720 Stunden =	

❷ ***Gib in der angegebenen Einheit an. Rechne auf ein gesondertes Blatt.***

	in h		in min		in s
9 d =		13 h =		2 h =	
3 d 16 h =		2 d =		17 min =	
12 $\frac{1}{2}$ d =		2520 s =		3 h 12 min =	
870 min =		4 h 17 min =		4 h $\frac{1}{4}$ min =	

❸ ***Ordne der Größe nach. Beginne mit der kleinsten. Rechne alle Größen auf die gleiche Einheit um.***

7 h - 824 s - 342 min - 4 h 67 min - 2,5 h - 5 h 420 s - $\frac{1}{4}$ d - 465 min - 960 s

❹ ***Setze die Zeichen ‹, = oder › richtig ein.***

780 s	☐	36 min	2 h 44 min	☐	164 min	$\frac{1}{4}$ h	☐	999 s
3 h	☐	180 min	3 h 8 min	☐	260 min	$\frac{1}{4}$ d	☐	21600 s
$\frac{1}{4}$ h	☐	180 s	4 min 45 s	☐	200 s	4,5 h	☐	500 min
18000 s	☐	$\frac{1}{2}$ d	15 min 2 s	☐	$\frac{1}{4}$ h	2 h 180 s	☐	63 min

Die Zeit als Größe
(Rechnen mit Zeiteinheiten)

Berechnung der Zeitdauer oder Zeitspanne durch
Addieren bzw. Subtrahieren von Zeiteinheiten bzw. Uhrzeiten

Achte darauf, dass du nur
gleiche Zeiteinheiten
addieren oder subtrahieren kannst.

1. (sicherere) Möglichkeit: Wandle vor dem Rechnen alles in die kleinere Zeiteinheit um. Rechne und gib das Ergebnis wieder in der größeren Zeiteinheit oder in gemischten Einheiten an.

2. Möglichkeit: Wenn die Zahlen sehr einfach sind, kannst du dir manchmal das Umwandeln am Anfang sparen. Achte aber immer darauf, dass du nur gleiche Einheiten addieren oder subtrahieren kannst.

Beispiele:

[1] 4 h 25 min + 5 h 48 min
1. Möglichkeit: umwandeln, addieren, erneut umwandeln
4 h 25 min + 5 h 48 min = 265 min + 348 min = 613 min = 10 h 13 min

2. Möglichkeit:
Gleiche Einheiten addieren, Minuten in Stunden umwandeln, Stunden zusammenfassen.
4 h 25 min + 5 h 48 min = 9 h 73 min = 10 h 13 min

[2] 6 h 14 min - 3 h 48 min
1. Möglichkeit: umwandeln, subtrahieren, erneut umwandeln
6 h 14 min - 3 h 48 min = 374 min - 228 min = 146 min = 2 h 26 min

2. Möglichkeit:
Beim Minuenden so viele Stunden in Minuten umwandeln, dass du die Minuten des Subtrahenden abziehen kannst, beide Einheiten subtrahieren.
6 h 14 min - 3 h 48 min = 5 h 74 min - 3 h 48 min = 2 h 26 min

Beim **Dividieren** von Zeiteinheiten durch Zeiteinheiten
musst du ebenfalls darauf achten,
dass du nur mit gleichen Zeiteinheiten rechnest.
Hier musst du die größere Zeiteinheit in die kleinere umwandeln.

Beachte: Das Ergebnis enthält <u>keine</u> Benennung mehr!

Beispiele:

[1] 7 h : 4 min
Also: umwandeln in die kleinere Einheit und dividieren
7 h : 4 min = 420 min : 4 min = 105

[2] 8 h 31 min : 7 min = 511 min : 7 min = 73

Vorsicht: Beim Dividieren durch eine Zahl erhält das Ergebnis wieder eine Zeiteinheit.
Du wandelst also in die kleinere Einheit um, dividierst und wandelst das Ergebnis wieder in die größere Zeiteinheit um.

[3] 6 h 25 min : 5 = 385 min : 5 = 77 min = 1 h 17 min

Die Zeit als Größe -
Berechnen von Zeitpunkten und Zeitspannen

❶ *Rechne aus. Gib das Ergebnis in Stunden und Minuten an.*

a) 5 h 20 min + 6 h 49 min c) 4 h 21 min - 2 h 48 min e) 2 h 36 min • 5 g) 2 h 6 min : 3 min
b) 6 h 57 min + 2 h 38 min d) 8 h 5 min - 4 h 34 min f) 3 h 8 min • 7 h) 7 h 24 min : 12

❷ *Berechne Zeitpunkte (Abfahrtszeit bzw. Ankunftszeit) und ergänze die Tabelle. Rechne auf ein gesondertes Blatt.*

Abfahrt	8.45 Uhr	13.36 Uhr	23.35 Uhr			
Fahrzeit	2 h 36 min	6 h 48 min	12 h 28 min	1 h 54 min	6 h 50 min	15 h 22 min
Ankunft				12.30 Uhr	10.20 Uhr	7.11 Uhr

Tipp: Rechne schrittweise: Beginne mit den Minuten bis zur nächsten bzw. vorhergehenden vollen Stunde, rechne weiter mit den vollen Stunden der Fahrzeit und schließlich mit den restlichen Minuten, die von der Fahrzeit verbleiben.

❸ *Berechne die Zeitspanne (Fahrzeit) und ergänze die Tabelle. Rechne auf ein gesondertes Blatt.*

Abfahrt	8.15 Uhr	4.34 Uhr	9.45 Uhr	23.35 Uhr	0.40 Uhr	22.34 Uhr
Fahrzeit						
Ankunft	11.27 Uhr	12.30 Uhr	17.34 Uhr	6.15 Uhr	21.39 Uhr	7.11 Uhr

Tipp: Rechne schrittweise: Berechne zuerst die Anzahl der Minuten von der Abfahrtszeit bis zur nächsten vollen Stunde, berechne dann die Stunden bis zur Ankunftszeit und addiere die Minuten der Ankunftszeit. Wandle in Stunden und Minuten um.

Tabellen und Schaubilder

Die Tabelle

Tabellen bestehen aus Zeilen (➔) und Spalten (🡇).
Das erste Feld jeder Zeile und die Überschrift jeder Spalte sagen dir, welche Informationen hier zu finden sind.
Tipp: Um die gesuchte Größe leichter ablesen zu können, fährst du am besten mit einem Finger die entsprechende Zeile entlang und gleichzeitig mit einem anderen Finger die entsprechende Spalte. Die beiden Finger treffen sich in dem Feld mit der gesuchten Größe.

Beispiel „Abfahrtszeit“:

Tag \ Bahnhof	Rosenheim	Wasserburg	Gars	Mühldorf
werktags	14:34	14:58	15:12	15:31
Sonn- und Feiertage	14:42	15:07	15:21	15:40

Am Sonntag fährt der Zug um 15:21 h in Gars ab.

Das Streifendiagramm

Das Streifendiagramm besteht aus waagrecht (➔) liegenden Balken (Streifen).
Am unteren Rand des Diagramms kannst du die gesuchte Größe ablesen.

Das Säulendiagramm

Das Säulendiagramm besteht aus senkrecht (🡅) stehenden Balken (Säulen).
Am linken Rand des Diagramms kannst du die gesuchte Größe ablesen.

Beispiel:
Ungefähre Länge von Flüssen:

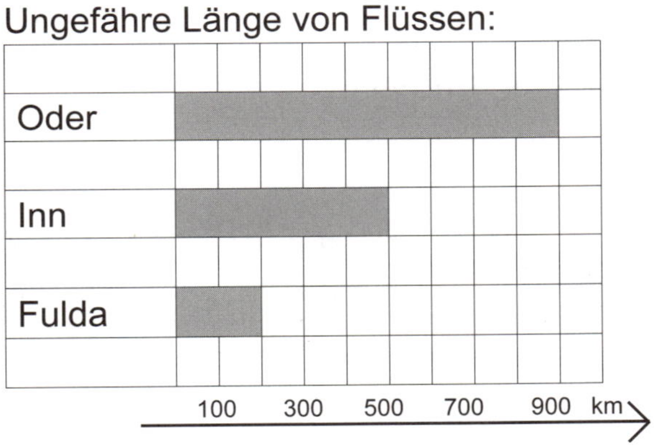

Höhe von Bergen:

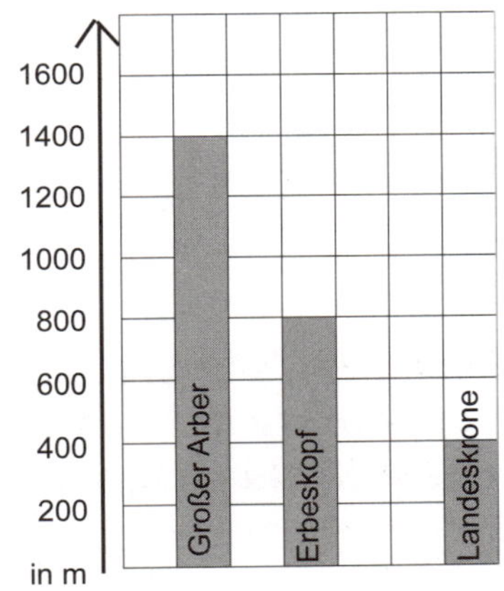

Das Zeichenschaubild (z.B. Strichmännchendiagramm)

Ein Strichmännchen steht für eine bestimmte Anzahl von Personen.
Anhand der Menge der Strichmännchen kannst du die gesuchte Größe berechnen.

Beispiel:
Gerundete Anzahl der Besucher pro Tag (🯅 ≙ 100 Besucher):

Montag	Dienstag	Mittwoch	Donnerstag	Freitag	Samstag	Sonntag
🯅 🯅 🯅	🯅 🯅	🯅 🯅	🯅	🯅 🯅 🯅	🯅 🯅 🯅 🯅	🯅 🯅 🯅 🯅

Am Sonntag waren es also etwa 4 mal 100 Besucher, also 400 Besucher.

Grundwissen - Übung

Tabellen und Schaubilder

➊ *Zeichne ein Streifenschaubild, welches die monatliche Sonnenscheindauer in der Stadt Rosenheim in Stunden zeigt.*

Januar	
Februar	
März	
April	
Mai	
Juni	
Juli	
August	
September	
Oktober	
November	
Dezember	
	0 50 100 150 200 (in Stunden)

Januar	84 Std.
Februar	63 Std.
März	145 Std.
April	95 Std.
Mai	85 Std.
Juni	182 Std.
Juli	210 Std.
August	208 Std.
Septem.	178 Std.
Oktober	156 Std.
Novemb.	75 Std.
Dezemb.	82 Std.

➋ *Lies aus dem Säulendiagramm die Höhe der Bauwerke möglichst genau ab.*
(1 mm ≙ 10 m)

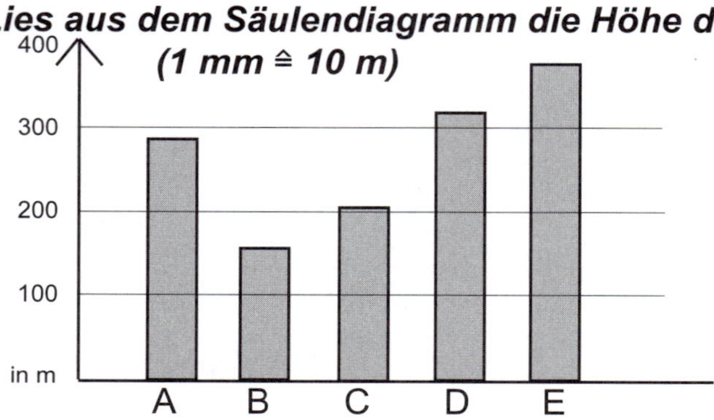

A: Olympiaturm München: ____________

B: Ulmer Münster: ____________

C: Fernsehturm Stuttgart: ____________

D: Eiffelturm Paris: ____________

E: Empire-State-Building: ____________
(New York)

➌ *Bei einer Verkehrszählung wurde folgende Strichliste erstellt. Gib die Anzahl der Fahrzeuge in Zahlen an und erstelle anschließend ein Säulendiagramm. Wähle für jedes Fahrzeug einen Millimeter.*

Fahrzeugart	Anzahl der Fahrzeuge
PKW	𝍸 𝍸 𝍸 𝍸 𝍸 𝍸 𝍸 || =
LKW	𝍸 𝍸 𝍸 𝍸 𝍸 ||| =
Motorräder	𝍸 𝍸 𝍸 𝍸 | =

Der Maßstab

Willst du etwas Großes (z.B. Tiere, Wege) auf dein Papier zeichnen,
musst du es verkleinern, damit es darauf passt.
Willst du etwas winzig Kleines zeichnen (z.B. kleinste Insekten),
musst du es vergrößern, damit man etwas erkennt.

Damit das Ganze mit der Wirklichkeit übereinstimmt,
musst du einen bestimmten **Maßstab** verwenden.
Dieser gibt an, **um wie viel dein Bild kleiner oder größer ist als das Original.**

Beispiel:

Der Maßstab 1 zu 2 (geschrieben 1 : 2) bedeutet:
1 cm auf der Zeichnung entspricht in Wirklichkeit 2 cm (1 cm ≙ 2 cm),
die Wirklichkeit ist also doppelt so groß wie das Bild
oder anders ausgedrückt, die Zeichnung halb so groß wie die Wirklichkeit .

Der Maßstab 1 zu 10000 (geschrieben 1 : 10000) bedeutet:
1 cm auf der Karte entspricht in Wirklichkeit 10 000 cm (1 cm ≙ 10000 cm = 100 m),
die Wirklichkeit ist also zehntausend mal so groß wie die Zeichnung,
oder anders ausgedrückt, die Zeichnung 10000-mal kleiner als die Wirklichkeit.

So musst du rechnen:

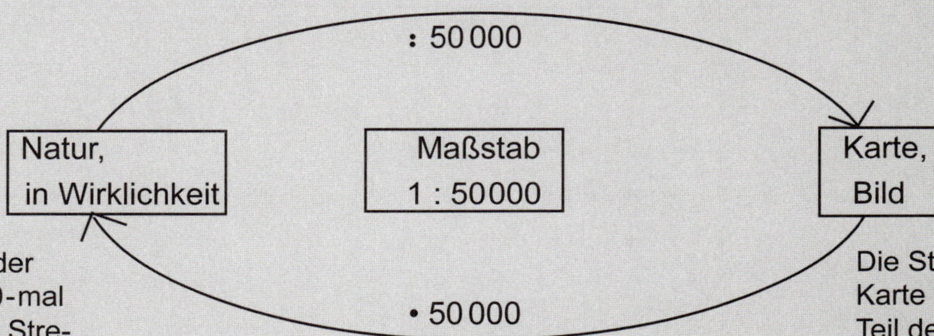

Die Strecke in der Natur ist 50000-mal so groß wie die Strecke auf der Karte.

Die Strecke auf der Karte ist der 50000. Teil der Strecke in der Natur.

Denke an die Maßeinheit!
Musst du die Länge einer Strecke auf der Karte berechnen, so musst du vor dem Teilen die meist große Maßeinheit in eine entsprechend kleine umwandeln.
Beim Berechnen einer Strecke in Wirklichkeit musst du die in der kleinen Einheit errechnete Strecke in eine passende größere Maßeinheit umrechnen.

Beispiele:

1 Wie lang ist eine auf der Karte 5 cm lange Strecke bei folgenden Maßstäben in Wirklichkeit?
a) 1 : 200 b) 1 : 50000

Rechnung:
a) 5 cm • 200 = 1000 cm = 10 m b) 5 cm • 50000 = 250000 cm = 2500 m = 2,5 km

2 Eine Strecke ist in Wirklichkeit 5 km lang. Wie lang wäre diese Strecke auf einer Karte im Maßstab a) 1 : 20000 b) 1 : 500000 ?

Rechnung: 5 km = 5000 m = 500000 cm
a) 500000 cm : 20000 = 25 cm b) 500000 cm : 500000 = 1 cm

Der Maßstab

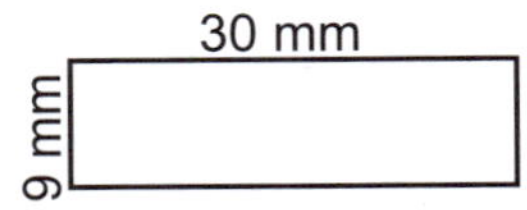

❶ ***Welche Maße (in m) hat die hier abgebildete Fläche bei den angegebenen Maßstäben:*** a) 1 : 200 b) 1 : 1 000 c) 1 : 50 ?

❷ ***Verschieden kleine Insekten wurden zum Teil stark vergrößert gezeichnet. Welche tatsächliche Länge haben die Tiere bei den folgenden Maßstäben, wenn ihre Bildlänge 8 cm beträgt?***

a) 2 : 1 b) 10 : 1 c) 50 : 1 d) 100 : 1

Vorsicht: Das Bild stellt hier eine maßstabsgetreue Vergrößerung dar, d.h. wenn du die Wirklichkeit ausrechnen willst, musst du in diesem Fall durch die Maßstabszahl teilen.

❸ ***Wie lange ist eine 120 km lange Strecke verkleinert nach folgenden Maßstäben?***
a) 1 : 10 000 b) 1 : 50 000 c) 1 : 25 000 d) 1 : 400 000 e) 1 : 1 000 000

Sachaufgaben

Sachaufgabentypen:

• Eingliedrige Sachaufgaben:
Du brauchst nur eine Grundrechenart für die Lösung der Aufgabe.

• Mehrgliedrige Sachaufgaben:
Du musst mehrere Rechenschritte durchführen, oft brauchst du auch verschiedene Grundrechenarten.

• Sachaufgaben mit Text:
Hier musst du einen Text lesen und daraus die nötigen Informationen herauslesen.

• Sachaufgaben mit Bild, Tabelle oder Diagramm:
Hier ist der Text durch ein Bild verdeutlicht oder du musst Informationen aus einer Tabelle oder einem Diagramm entnehmen.

Unabhängig vom jeweiligen Sachaufgabentyp löst du Sachaufgaben am besten unter Beachtung der folgenden **Lösungsschritte:**

1. **Lies** dir den Text genau durch, am besten mehrmals.
2. Überlege dir: „Was ist gegeben?“ und **unterstreiche** wichtige Schlüsselwörter und Zahlen.
3. Lies dir die **Rechenfrage** nochmal durch oder, wenn keine Frage gestellt wird, überlege dir, was sich mit den gegebenen Werten berechnen lässt.
4. Veranschauliche dir die Aufgabe durch eine **Skizze** und überlege dir die einzelnen **Rechenschritte**.
5. Vor dem Rechnen hilft es oft, das Ergebnis zu **überschlagen**.
6. **Rechne** nun aus. Achte dabei auf Sauberkeit und Genauigkeit. Überlege, ob das Ergebnis stimmen kann (Probe), und **überprüfe** es mit deinem Überschlag.
7. Schreibe einen passenden **Antwortsatz** zu deiner Frage.

Beispielaufgabe:
Der Fußballplatz des SV Großhagen ist 90 m lang und 50 m breit. Im Abstand von 3 m zum Spielfeld sollen rund um den Platz Werbetafeln angebracht werden. 4 m müssen allerdings frei bleiben, damit die Spieler auf den Platz laufen können.

Anwenden der Lösungsschritte:

1. Genau lesen.

2. Unterstreichen:
Der Fußballplatz des SV Großhagen ist 90 m lang und 50 m breit. Im Abstand von 3 m zum Spielfeld sollen rund um den Platz Werbetafeln angebracht werden. 4 m müssen allerdings frei bleiben, damit die Spieler auf den Platz laufen können.

3. Rechenfrage:
Wie viele Meter Werbetafeln kann der Verein aufstellen?

4. Skizze

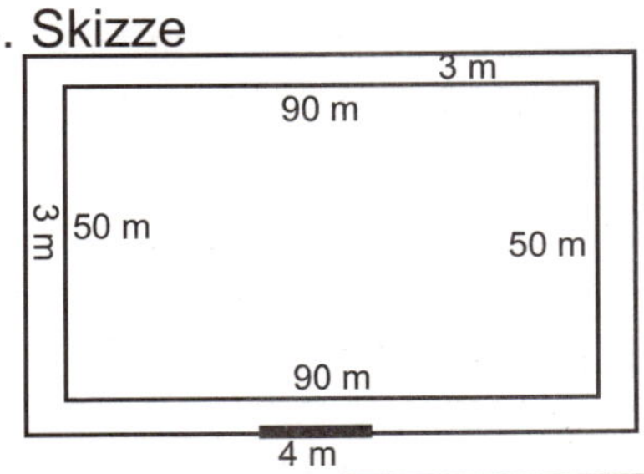

4. Skizze (siehe rechts)

5. Überschlag: 100 m + 100 m + 50 m + 50 m = 300 m

6. Rechnung: Werbetafeln - Längsseite: 90 m + 3 m + 3 m = 96 m
Werbetafeln - Breitseite: 50 m + 3 m + 3 m = 56 m
Gesamtumfang der Werbetafeln: 2 • 96 m + 2 • 56 m = 304 m
abzüglich der Zugangsmöglichkeit: 304 m - 4 m = 300 m

7. Antwort:
Der Verein kann 300 m Werbetafeln aufstellen.

Tipp:
Bei einer Skizze geht es nicht um Schönheit. Verschwende deine Zeit nicht mit dem Malen von Einzelheiten. Schreibe die Zahlen dazu.

Sachaufgaben

Löse alle folgenden Sachaufgaben nach dem Muster auf S. 39. Rechne in deinem Heft.

➊ Herr Müller hat im Internet ein Ferienhaus an der Nordsee gefunden. Zusammen mit seiner Frau, seinem Sohn Florian und seiner Tochter Pia möchte er dort Urlaub machen.

Preis für das Haus (€ pro Tag mit Nebenkosten)

	Hauptsaison	Nebensaison
bis 4 Personen	145 €	115 €
5 bis 8 Personen	185 €	155 €

- zzgl. Endreinigung 45 € und Kurtaxe (2 € pro Person und Tag)
- Leihgebühr für Bettwäsche insges. 30 €
- zweite Garage 20 €

a) Was kostet der Aufenthalt für Familie Müller, wenn sie alleine fährt?
b) Wie teuer wäre der Urlaub, wenn Hannas Eltern mitfahren würden und die Kosten gerecht geteilt würden?

➋ Marie (9 Jahre) und Michael (13 Jahre) werden mit ihren Eltern einen 10-tägigen Urlaub in Kreta oder Mallorca machen. Bei den Erkundigungen in verschiedenen Reisebüros stößt Vater auf interessante Angebote. Die Familie rechnet das für sie günstigste Angebot aus.

Reisebüro Traveller
Mallorca:
Hin- und Rückflug pro Person: 83 €
Hotel mit Vollpension:
45 € pro Person und Nacht,
32 € pro Kind und Nacht.

Reisebüro Gutwind
Kreta **544 €**
Mallorca **478 €**
Flug mit 10 Übernachtungen und Vollpension pro Person,
Kinder bis 12 Jahre zahlen die Hälfte.

Reisebüro Sonne
Kreta:
Hin- und Rückflug für 4 Personen: 998 €
Hotel mit Vollpension:
60 € pro Person und Nacht;
Kinder bis 14 Jahre übernachten kostenlos!

Berechne den Preis des Urlaubs für jedes Angebot.
Was kostet der Urlaub im günstigsten Fall?
Wie viel kann die Familie gegenüber dem teuersten Angebot sparen?

➌ Einem Zeitungsbericht zufolge isst jede Person in Deutschland 10,4 kg Schokolade im Jahr. Darin eingerechnet sind Pralinen, Schokoriegel, Osterhasen usw.
a) Wie viele Tafeln Schokolade zu je 100 g wären das für eine Person in einem Jahr?
b) Wie viele Tafeln Schokolade müsste eine Person dann in einer Woche verzehren?

➍ Armin wohnt 600 m von der Schule entfernt. Jeden Tag geht er den Schulweg einmal hin und zurück.
Wie viele Kilometer legt Armin in einem Schuljahr mit 38 Wochen zurück?

600 m

Grundwissen - Geometrie

Strecken und Geraden

Die Strecke

Eine Strecke ist die kürzeste, gerade Verbindung zweier Punkte.

A•————•B

Die Gerade

Durch zwei Punkte ist eine Gerade eindeutig festgelegt.
Eine Gerade hat keinen Anfangspunkt und keinen Endpunkt, sie läuft durch die Punkte.

Senkrechte Geraden

Stehen zwei Geraden senkrecht zueinander (g ⊥ h), schließen sie einen rechten Winkel ein.

In Zeichnungen markierst du diesen so:

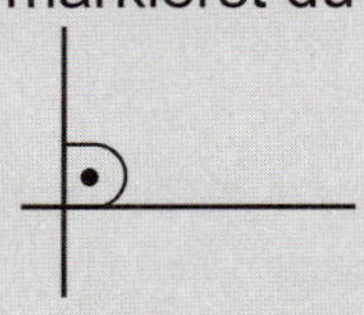

Zum Überprüfen kannst du dein Geodreieck verwenden.
Dieses besitzt gegenüber der Grundkante einen rechten Winkel.

So zeichnest du eine senkrechte Gerade:
Lege die Mittellinie deines Geodreiecks auf eine bereits vorhandene Gerade g. Fährst du mit deinem Stift die Grundkante des Geodreiecks nach, erhältst du eine Senkrechte zur ersten Gerade.

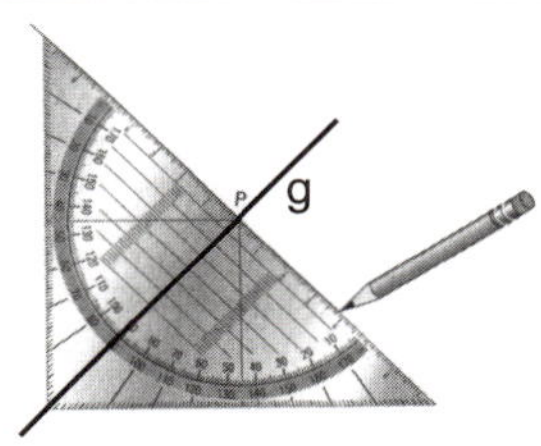

Parallele Geraden

Zwei Geraden heißen zueinander parallel, wenn sie an jeder Stelle den gleichen Abstand voneinander haben.
Man kann auch sagen, zwei Geraden sind zueinander parallel, wenn sie beide zu einer dritten Geraden senkrecht stehen.
Man schreibt: g ∥ p
und spricht: g ist parallel zu p.

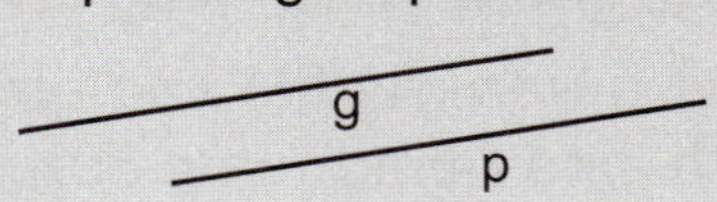

So zeichnest du eine parallele Gerade:
Zeichne zu einer vorhandenen Gerade g eine Senkrechte s und zu dieser Senkrechten wieder eine Senkrechte p, dann ist g ∥ p .

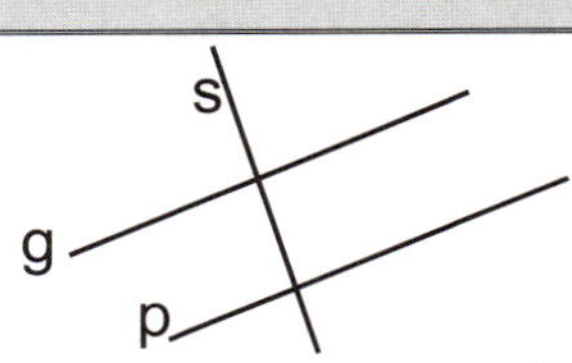

Oder lege eine der Hilfslinien auf dem Geodreieck auf die vorhandene Gerade g. Entlang der Grundkante kannst du eine parallele Gerade p zeichnen.

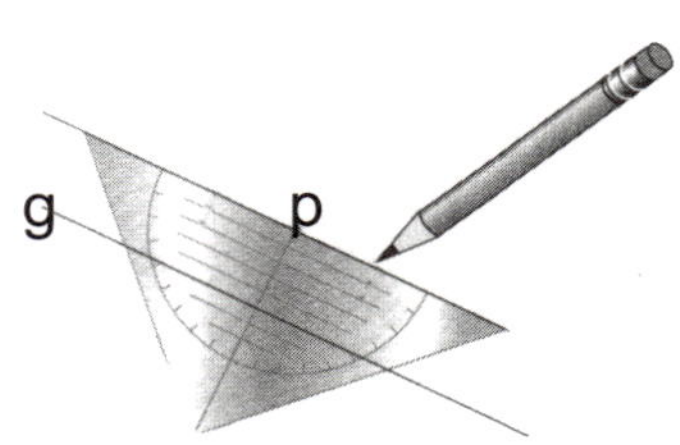

Strecken und Geraden

❶ ***Schreibe in den Kreis, ob es sich bei den Abbildungen um eine Gerade (g) oder um eine Strecke (s) handelt.***

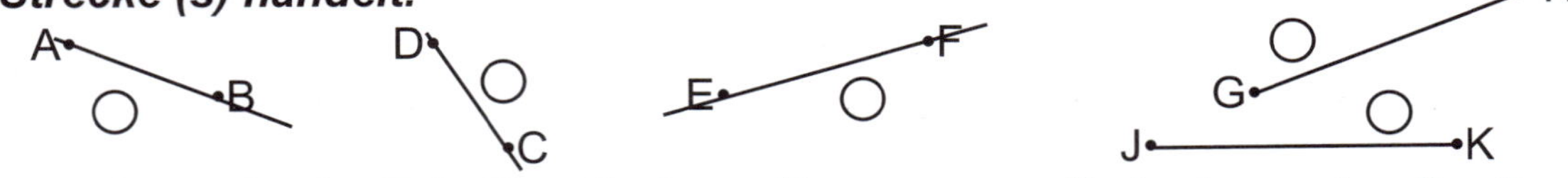

❷ ***Kennzeichne in der Tabelle mit einem Kreuz, wenn die in der ersten Spalte genannten Punkte auf den angegebenen Geraden liegen.***

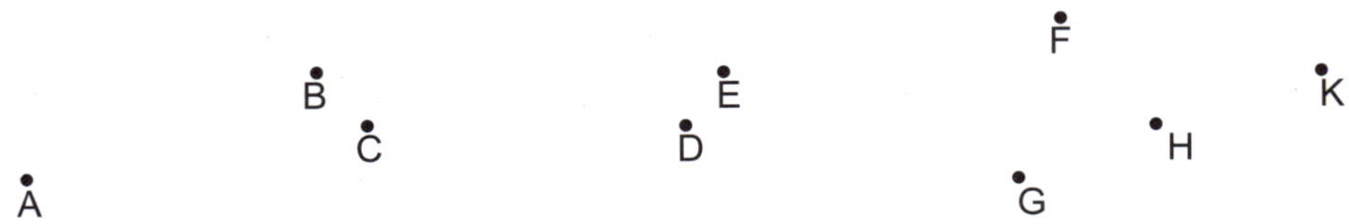

	g (AF)	g (AH)	g (BG)	g (BH)	g (HK)	g (FD)	g (EH)
C							
D							
G							

❸ ***Überprüfe, ob die Geraden senkrecht aufeinander stehen oder zueinander parallel sind. Kreuze in der jeweiligen Tabelle an.***

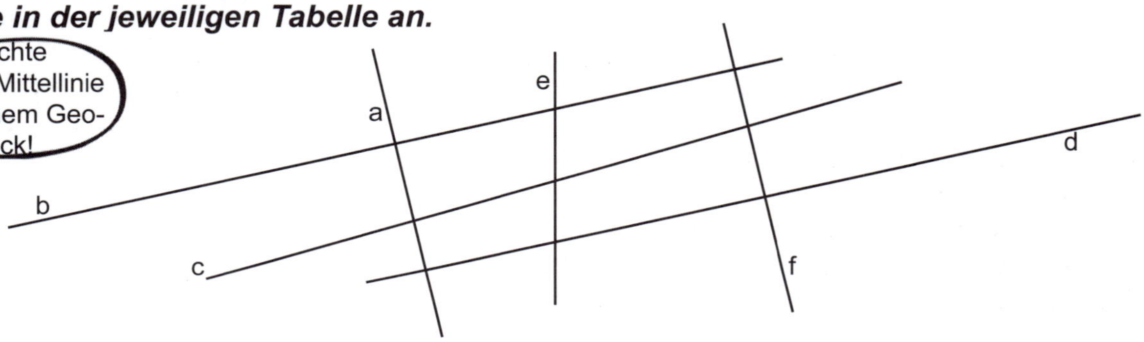

⊥	a	b	c	d	e	f
a						
b						
c						
d						
e						
f						

∥	a	b	c	d	e	f
a						
b						
c						
d						
e						
f						

❹ ***a) Zeichne zu der Geraden g eine senkrechte und eine parallele Gerade.***
b) Kannst du zu der Geraden h eine Senkrechte durch den Punkt A und eine Parallele durch den Punkt B zeichnen?

Flächen (ebene Figuren)

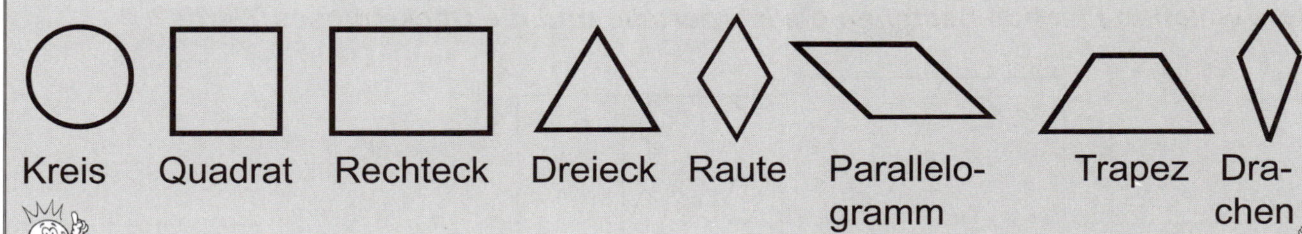

Das Rechteck

Das Rechteck ist ein Viereck mit vier rechten Winkeln.
Die gegenüberliegenden Seiten sind gleich lang und parallel.
Die Diagonalen sind gleich lang und halbieren sich gegenseitig.

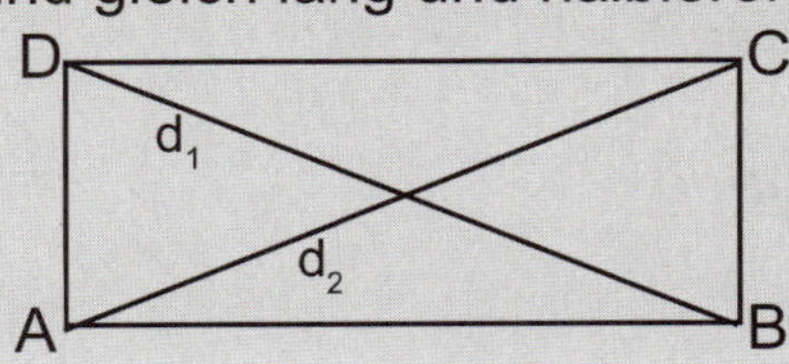

Das Quadrat

Das Quadrat ist ein besonderes Rechteck.
Alle Seiten sind gleich lang und die zwei gegenüberliegenden sind parallel.
Die Diagonalen sind gleich lang, halbieren sich gegenseitig und stehen senkrecht aufeinander.

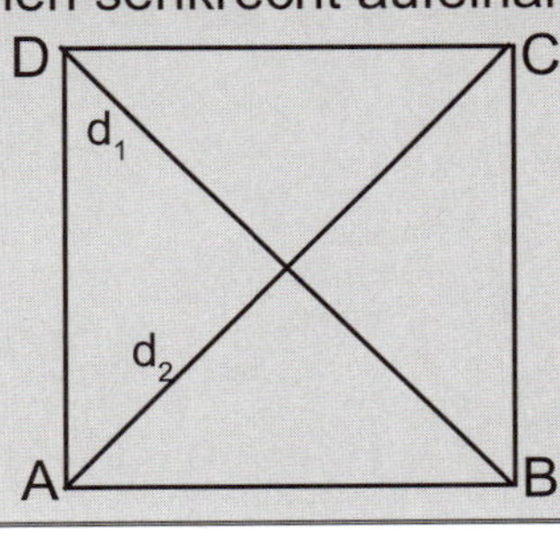

Flächen

❶ *Aus welchen Flächen bestehen die Körperteile und die Decke dieses Tieres?*

Kopf: ____________________

Ohr: ____________________

Auge: ____________________

Stoßzahn: mehrere ____________________

und eine ____________________

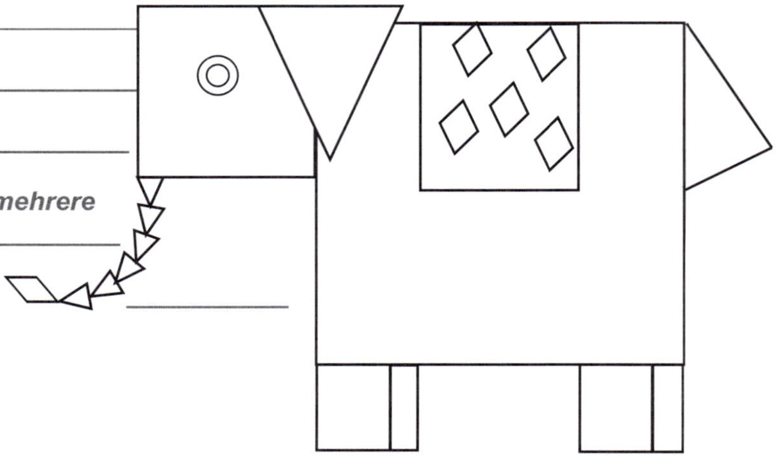

Decke: ____________________

mit ____________________

Schwanz: ____________________

Körper: ____________________

Beine: ____________________

❷ *Wie viele Dreiecke findest du in der rechts abgebildeten Figur? Schau genau! Die Dreiecke können verschiedene Größen haben.*

Es sind ________ Dreiecke.

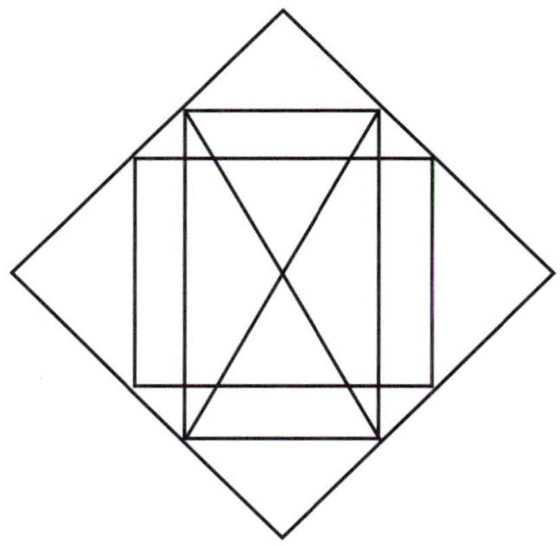

❸ *a) Zeichne ein Quadrat mit der Seitenlänge 3 cm.*
b) Zeichne daneben ein Rechteck, das 5 cm lang und 2 cm breit ist.
c) Zeichne in beide Flächen die Diagonalen ein und miss ihre Länge.

Die Diagonalen des Quadrats sind __________ lang,
die Diagonalen des Rechtecks sind __________ lang.

❹ *Zeichne auf die karierte Fläche ein Trapez, ein Parallelogramm und einen Drachen. Die Längen der Seiten kannst du selbst bestimmen.*

Körper

Körper, Flächen, Kanten, Ecken

Ein Körper unterscheidet sich von einer Fläche darin,
dass er neben einer Länge und einer Breite auch eine Höhe besitzt.
Du kannst es dir auch so merken:
In einen hohlen Körper kannst du hineingreifen, auf eine Fläche kannst du nur etwas stellen.

Ein Körper wird von **Flächen** begrenzt.
Stoßen zwei Flächen aneinander, entsteht eine **Kante**.
Stoßen Kanten aneinander, entstehen **Ecken**.

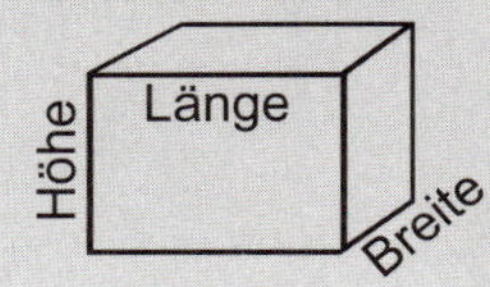

Diese Körper solltest du kennen:

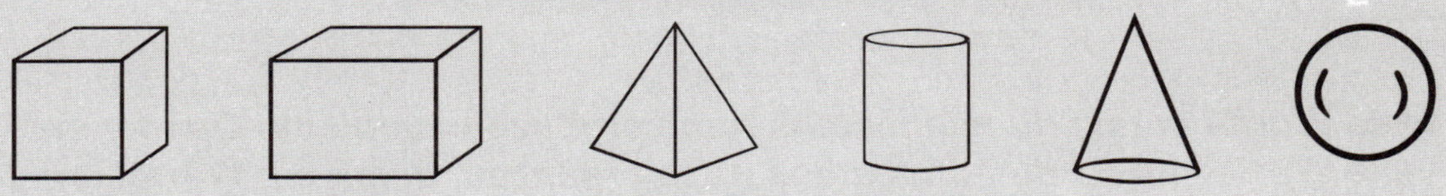

Würfel Quader Pyramide Zylinder Kegel Kugel

Die Körper und ihre Eigenschaften

Bild	Name	Ecken	Kanten	Flächen
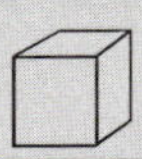	Würfel	8	12 gleich lange Kanten	6 gleich große Quadrate
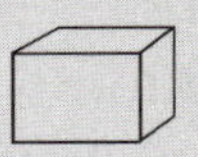	Quader	8	12 Kanten, die vier gegenüberliegenden sind gleich lang	6 Rechtecke, die gegenüberliegenden sind gleich groß
	Kugel	keine	keine	gekrümmte Oberfläche
	Kegel	1 Spitze	1 gebogene Kante	Grundfläche: Kreis Mantelfläche: Kreisausschnitt
	Zylinder	keine	2 gebogene Kanten	Grund- und Deckfläche: je 1 Kreis Mantelfläche: Rechteck
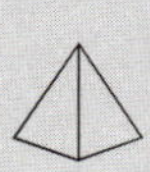	Pyramide	4 oder mehr (im Bild 5)	6 oder mehr (im Bild 8)	Grundfläche: Vieleck Seitenflächen: Dreiecke (Anzahl entspricht den Ecken der Grundfläche)
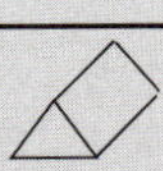	Prisma	6	9 Kanten	zwei Dreiecke, drei Rechtecke

Körper

➊ *Welche Körper könnten hier gestanden haben?*

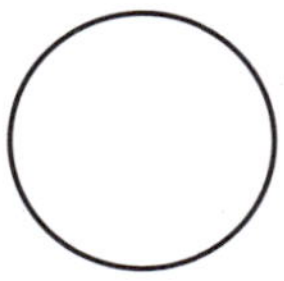 ____________________ ____________________

 ____________________ ____________________

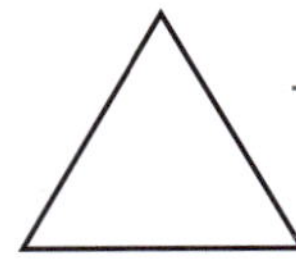 ____________________ ____________________

➋ *Auf einem Würfel liegt eine kleinere Kugel.*
Was siehst du von oben? Zeichne das Bild auf die Kästchen.

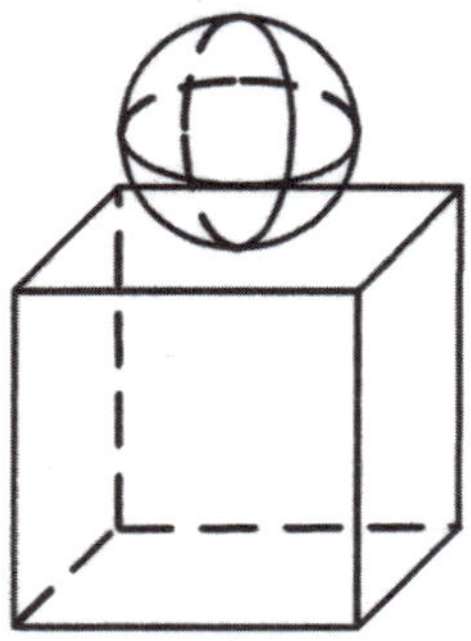

➌ *a) Wie viele Würfel musst du mindestens noch ergänzen, damit ein Quader entsteht?*
b) Wie viele Würfel musst du mindestens noch ergänzen, damit ein Würfel entsteht?

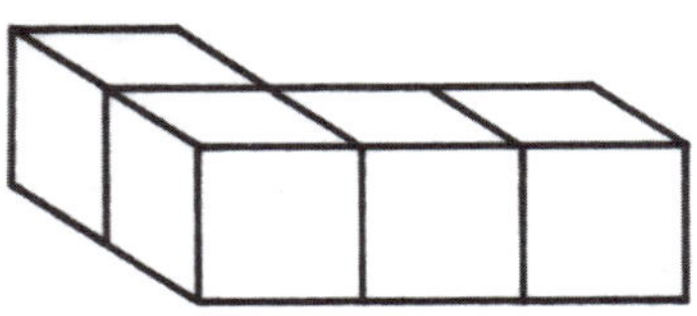

a) ☐ Würfel
b) ☐ Würfel

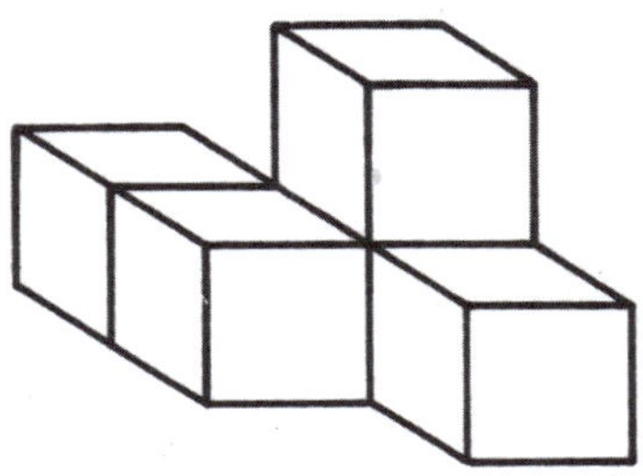

a) ☐ Würfel
b) ☐ Würfel

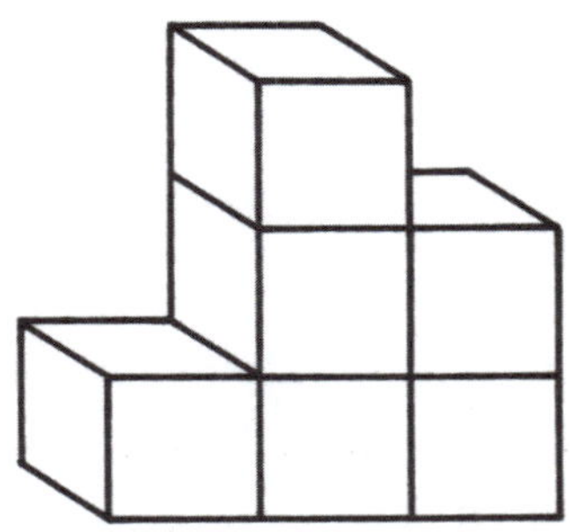

a) ☐ Würfel
b) ☐ Würfel

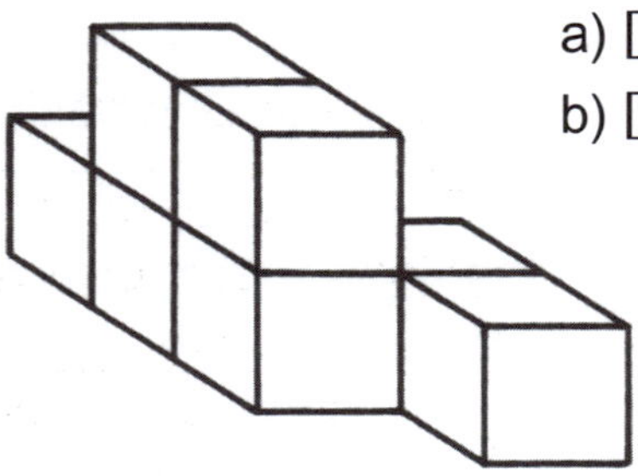

a) ☐ Würfel
b) ☐ Würfel

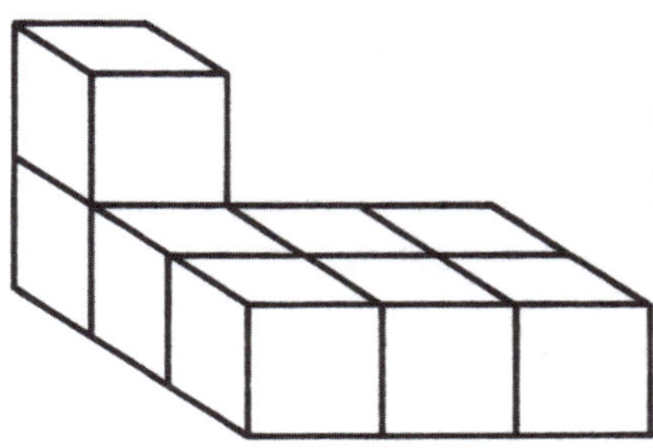

a) ☐ Würfel
b) ☐ Würfel

➍ *Wie viele Quadrate brauchst du, wenn du alle Seiten des abgebildeten Würfels mit solchen kleinen Quadraten ☐ bekleben möchtest.*

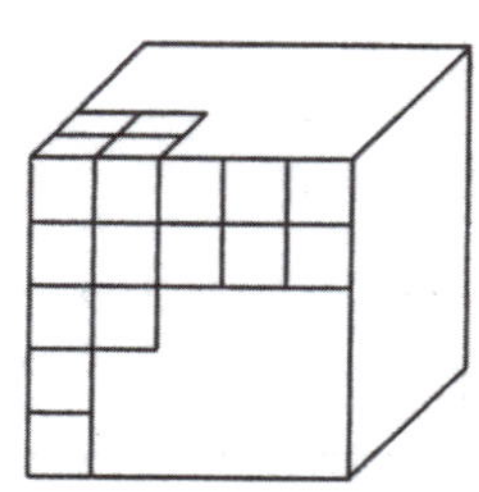

Ich brauche ☐ kleine Quadrate.

Würfel- und Quadernetze

Wenn du eine Schachtel an ihren Kanten aufschneidest, bis sie ganz flach auf dem Boden liegen kann, erhältst du ein sogenanntes Netz dieser Schachtel. Das **Netz eines Körpers** erhältst du auch, wenn du diesen **abwickelst**. Dabei darfst du ein und dieselbe Fläche nur einmal aufzeichnen. Das fertige Netz zeigt dir alle Begrenzungsflächen des Körpers.

Mögliche Würfelnetze:

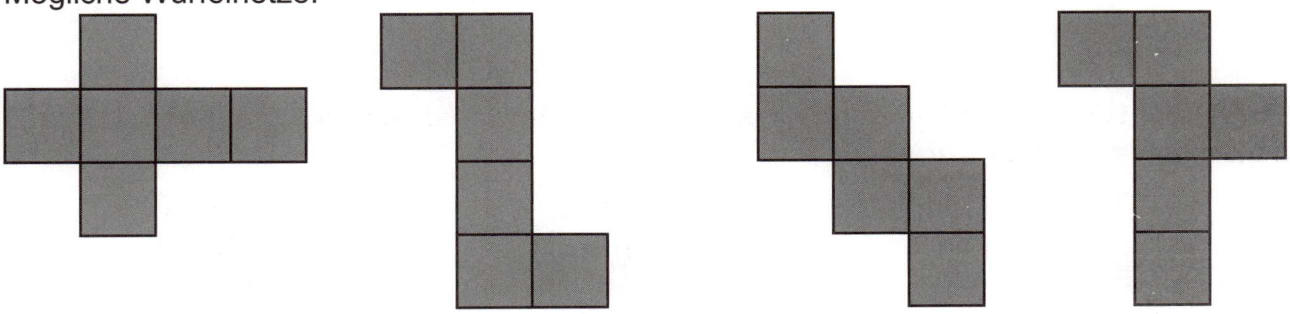

Mögliche Quadernetze:

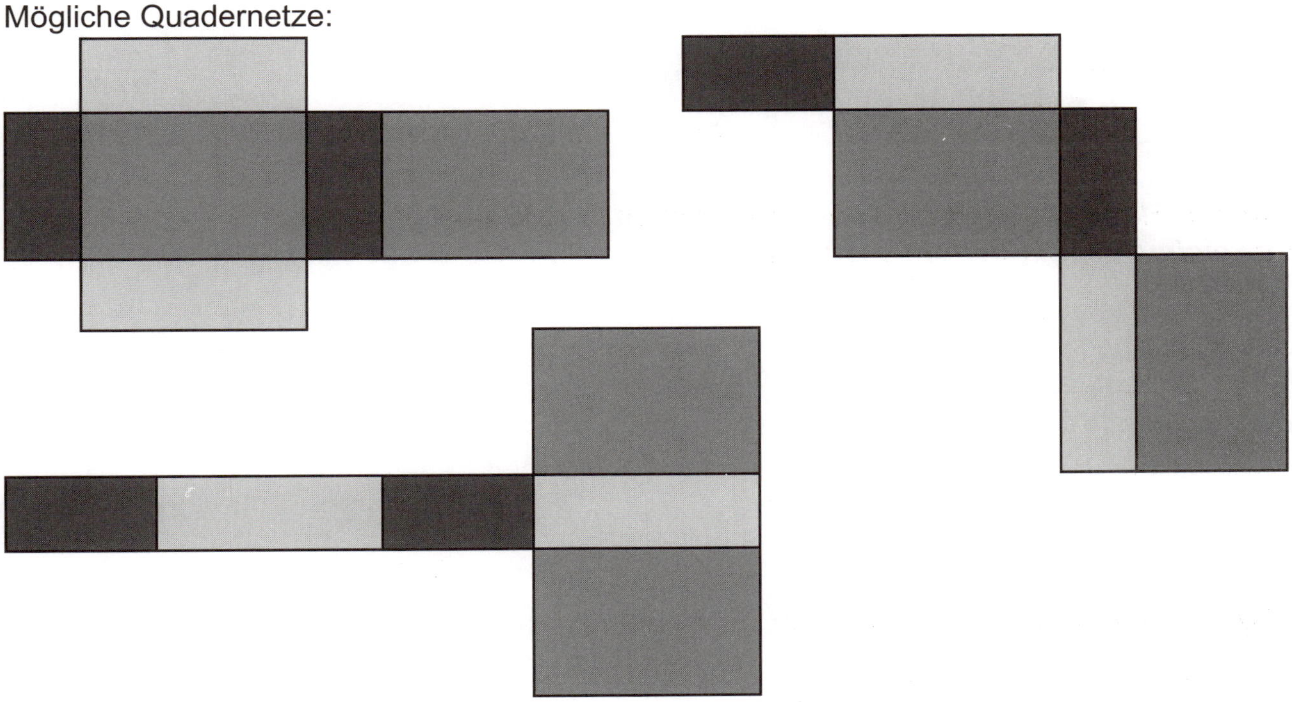

Versuche die Flächen gedanklich wieder zum Würfel oder zum Quader zusammenzusetzen und überprüfe, ob du alle Flächen hast und ob jede Fläche nur einmal vorhanden ist.

Würfel- und Quadernetze

❶ ***Aus welchem Netz kannst du einen Würfel basteln? Kreuze an.***

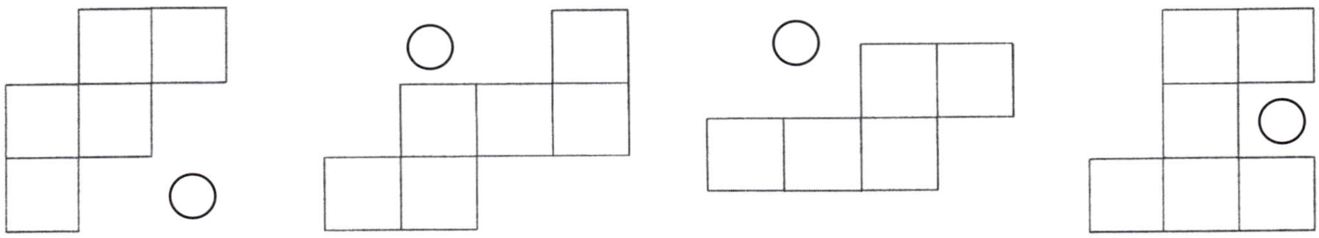

❷ ***Bei einem Würfel ergeben die Augen gegenüberliegender Seiten zusammen immer 7. Ergänze die fehlenden Augen.***

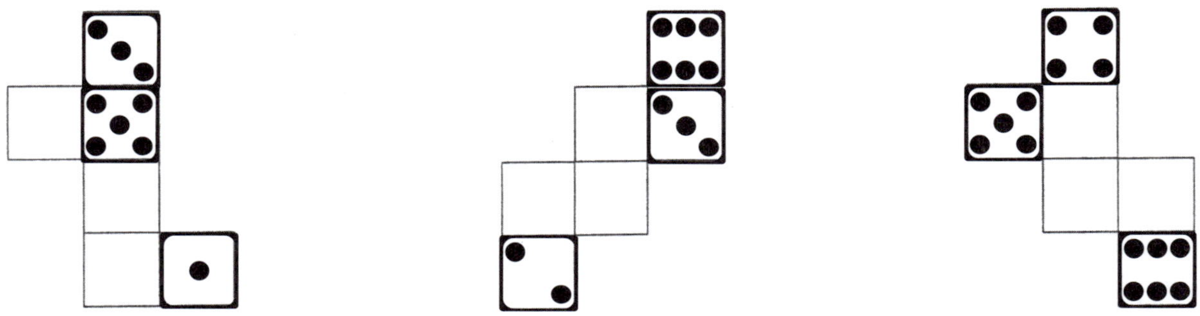

❸ ***Welche Flächen liegen sich nach dem Falten zum Würfel gegenüber? Kennzeichne sie mit der gleichen Farbe.***

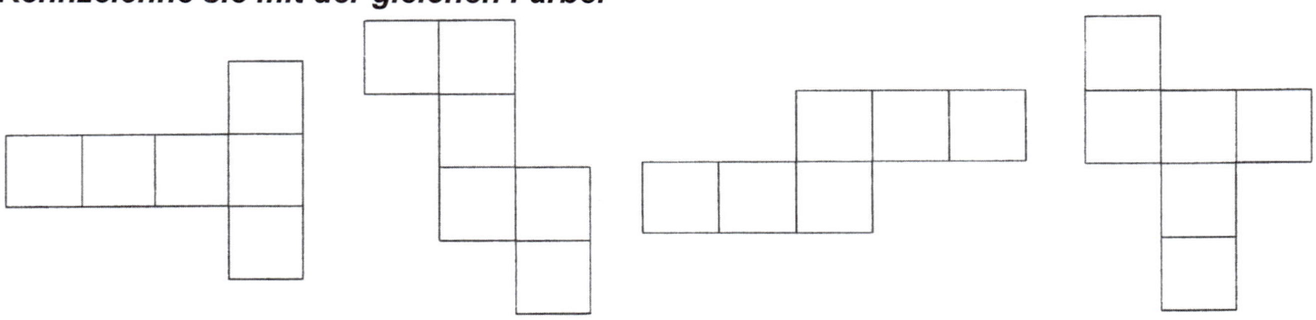

❹ ***Ergänze die unvollständigen Netze zu einem Quadernetz.***

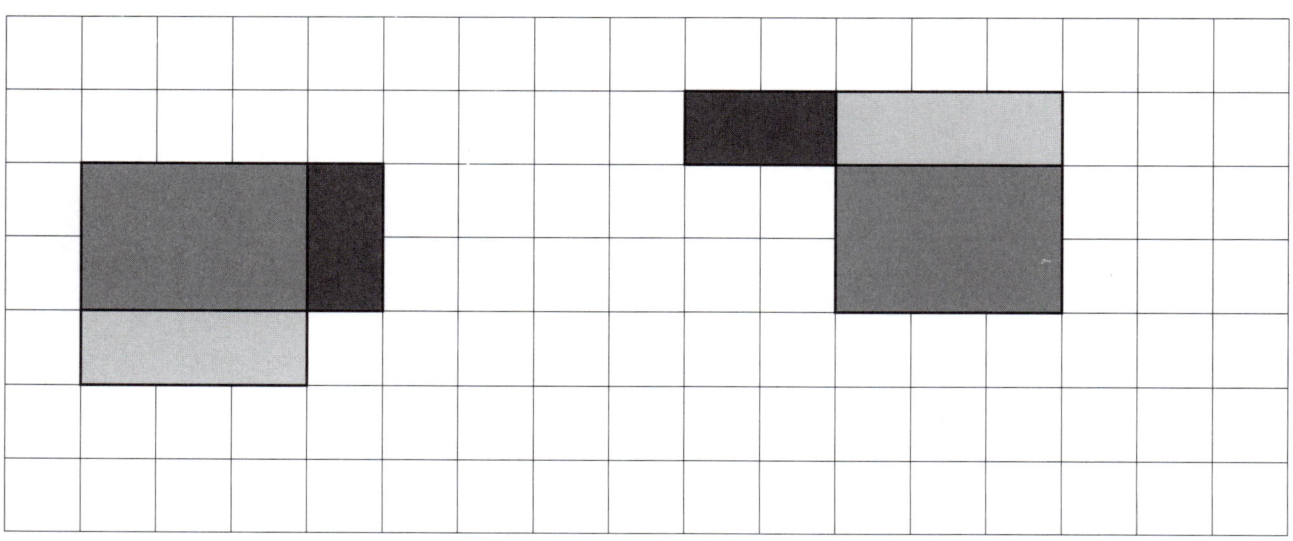

Symmetrie

Symmetrische Figuren (allgemein)

Zwei Figuren bezeichnet man als symmetrisch, wenn man sie durch Spiegelung, Verschiebung oder Drehung zur Deckung bringen kann.

Die Spiegelsymmetrie

Eine Figur ist dann **spiegelsymmetrisch** oder **spiegelbildlich**, wenn man eine gerade Linie so durch die Figur zeichnen kann, dass die beiden durch diese Linie entstehenden Hälften **deckungsgleich** sind.
Die Linie nennt man **Spiegelachse** oder **Symmetrieachse**.

Beispiele:

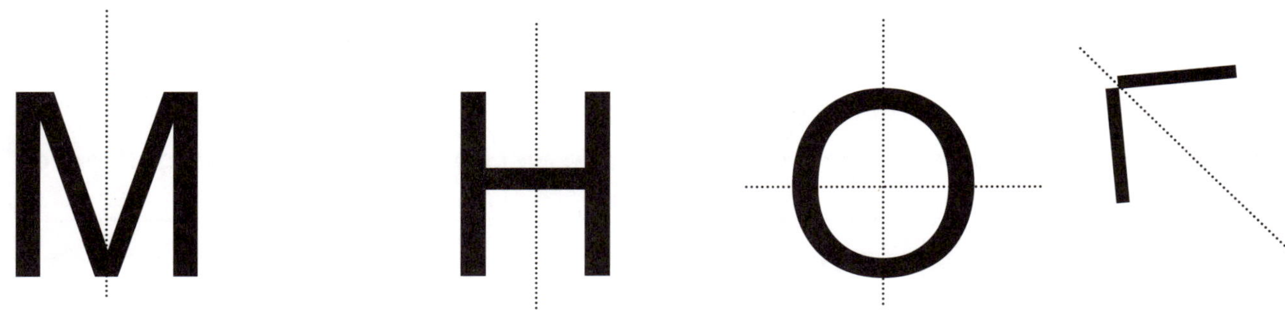

So kannst du eine Figur an einer Symmetrieachse mit dem Geodreieck spiegeln:

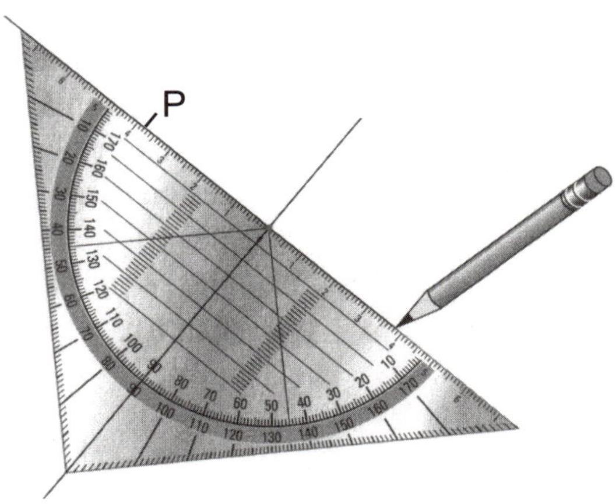

Wenn du einen Punkt P an einer Achse spiegeln sollst, legst du das Geodreieck mit der Mittellinie auf die Achse. Schiebe das Geodreieck entlang der Achse so weit, dass die Grundkante des Geodreiecks durch den Punkt geht. Achte aber darauf, dass sowohl der Nullpunkt als auch die Spitze des Geodreiecks ganz genau auf der Achse liegen.
Nun misst du den Abstand des Punktes zur Achse. Im gleichen Abstand zeichnest du den gespiegelten Punkt auf die andere Seite der Achse.

Symmetrie

➊ ***Zeichne bei allen Figuren alle Symmetrieachsen ein.***

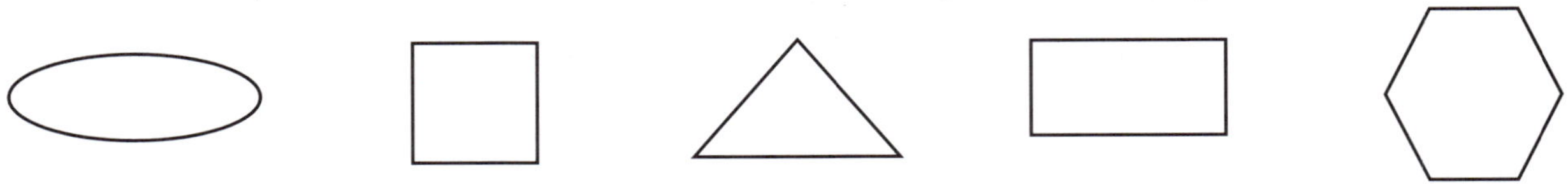

➋ ***Ergänze die folgenden drei Figuren mit jeweils einem Kästchen so, dass jede für sich symmetrisch wird. Zeichne die Symmetrieachsen ein.***

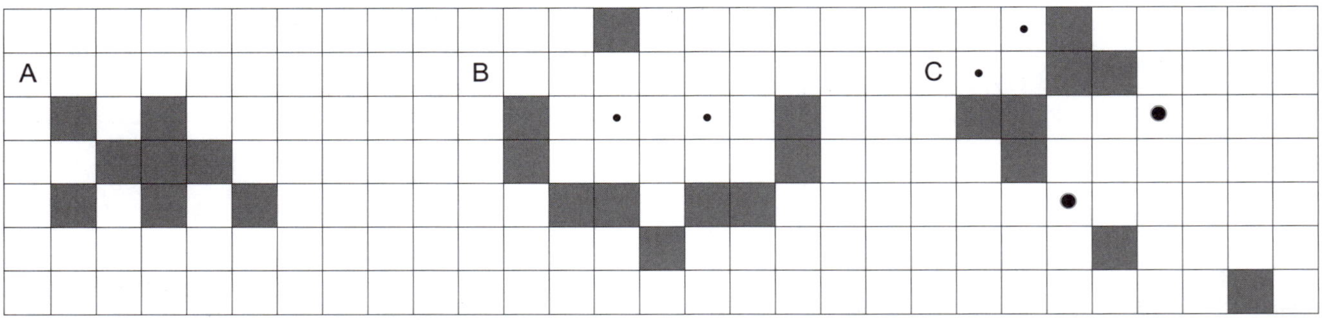

➌ ***Das linke Bild wurde gespiegelt, doch nicht alle Fische schwimmen richtig. Kreuze sie an.***

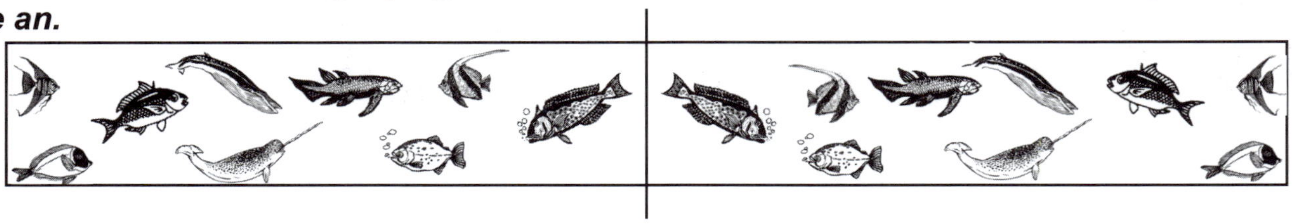

➍ ***Zeichne die zweite Hälfte bzw. das Spiegelbild.***

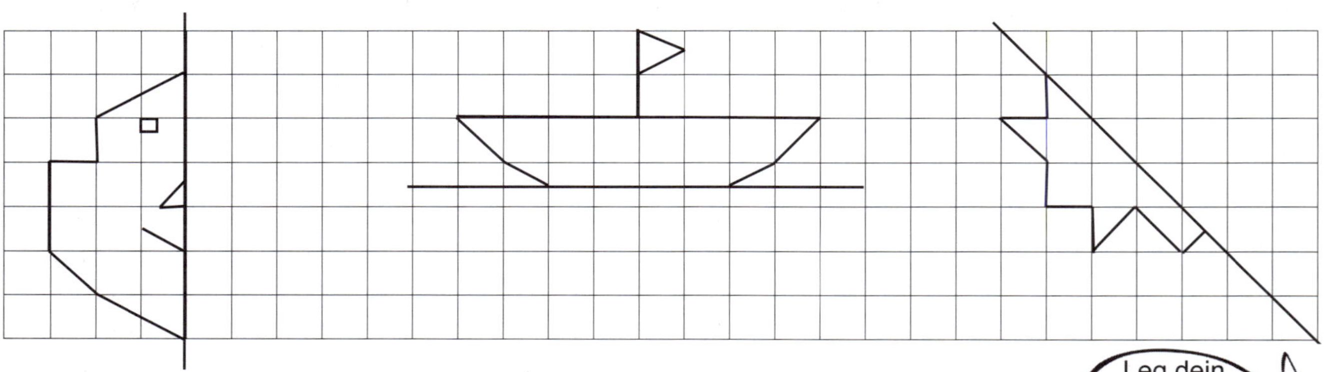

➎ ***Kannst du auch ohne Kästchen spiegeln? Benütze dein Geodreieck.***

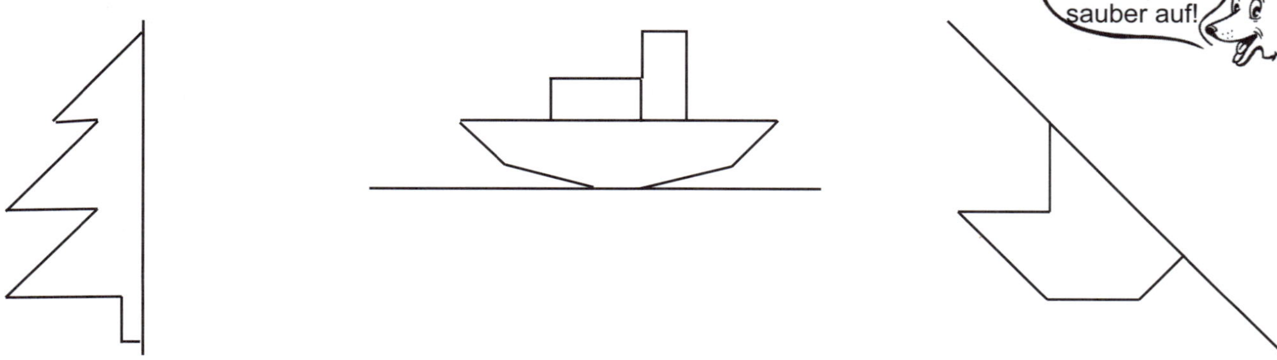

Die Verschiebungssymmetrie

Wie der Name sagt, wird eine Figur bei einer Verschiebung verschoben, d. h. es ändert sich nur die Lage einer Figur, nicht aber ihr Aussehen.
Eine Verschiebung wird durch die **Verschiebevorschrift** festgelegt.
Sie gibt folgendes an:
die **Verschieberichtung** (nach <u>o</u>ben, <u>u</u>nten, <u>r</u>echts oder <u>l</u>inks)
die **Verschiebelänge** (um wie viel cm oder Kästchen die Figur verschoben wird).
Dabei kann eine Figur auch in zwei Richtungen auf einmal verschoben werden, z.B. 2 cm nach rechts und 1 cm nach oben.
Durch Verschieben kann man Muster zeichnen.
Wenn du eine schwierige Figur verschieben sollst, verschiebst du am besten alle Ecken der Figur und verbindest sie anschließend.

Bsp.: Verschiebe die Figur zuerst um 8 Kästchen nach rechts (8r), anschließend um 10 Kästchen nach rechts und um 1 Kästchen nach oben (10r, 1o).

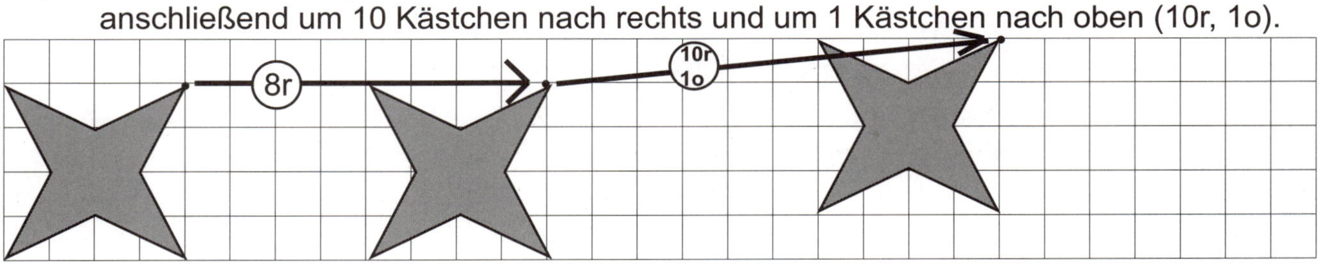

Die Drehsymmetrie

Bei einer Drehung wird eine Figur um einen Punkt gedreht, hier ändern sich die Lage und das Aussehen einer Figur.
Die **Drehvorschrift** gibt folgendes an:
die **Drehrichtung** (im ⓡ oder gegen ⓛ den Uhrzeigersinn),
die **Drehweite** (Vierteldrehung (¼), halbe Drehung (½), Dreivierteldrehung (¾)),
den **Drehpunkt**, um den die Figur gedreht wird.
Der Drehpunkt kann in der Figur, auf ihrem Rand oder außerhalb der Figur liegen.

Im folgenden Beispiel wird die gleiche Figur immer um eine Vierteldrehung nach rechts gedreht. Je nach Drehpunkt entstehen unterschiedliche Bilder (gepunktelte Linie).

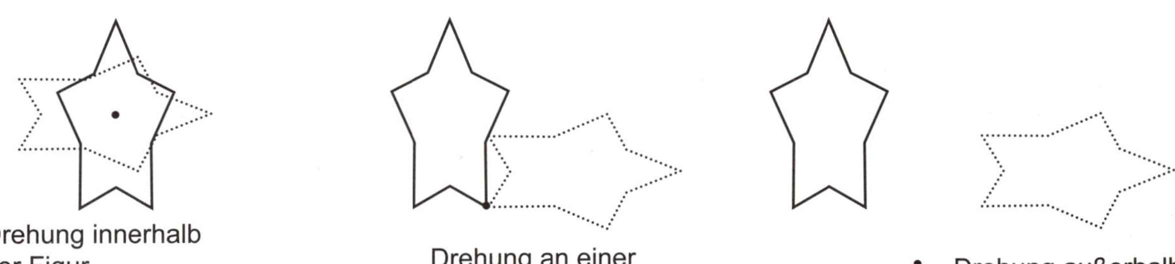

Drehung innerhalb der Figur

Drehung an einer Ecke der Figur

Drehung außerhalb der Figur

Tipps:
- Eine durchsichtige Folie und eine Stecknadel können dir beim Zeichnen helfen.
- Eine Vierteldrehung nach rechts (im Uhrzeigersinn) erzeugt das gleiche Bild wie eine Dreivierteldrehung nach links (gegen den Uhrzeigersinn) und umgekehrt.

Die Verschiebungs- und Drehsymmetrie

❶ ***Verschiebe die Figur a) um 10 Kästchen nach links,***
b) um 8 Kästchen nach rechts und 2 Kästchen nach oben.

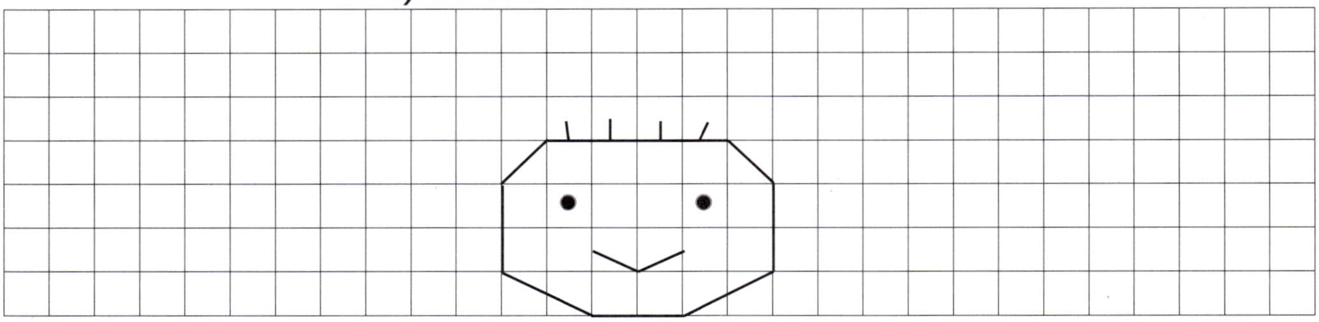

❷ ***Gib von einer Figur zur nächsten jeweils die Verschiebevorschrift in Kästchen an.***

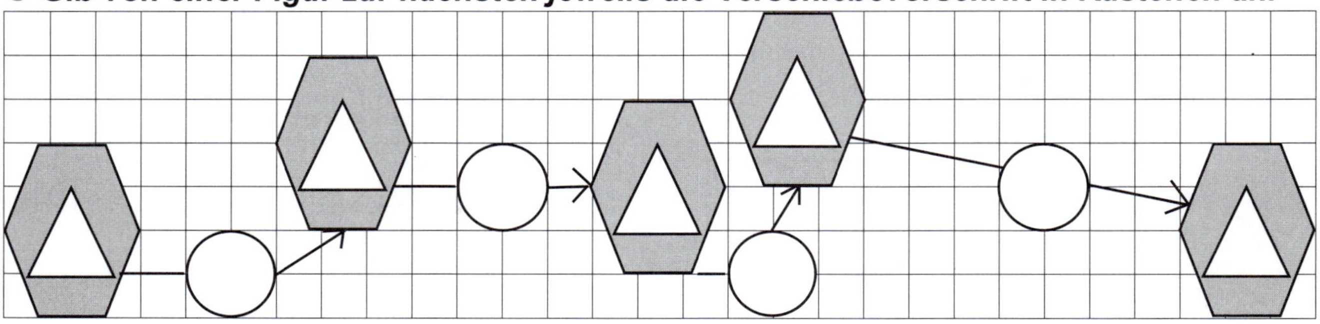

❸ ***Gib jeweils die Drehlänge und die Drehrichtung an. Zeichne den Drehpunkt ein.***

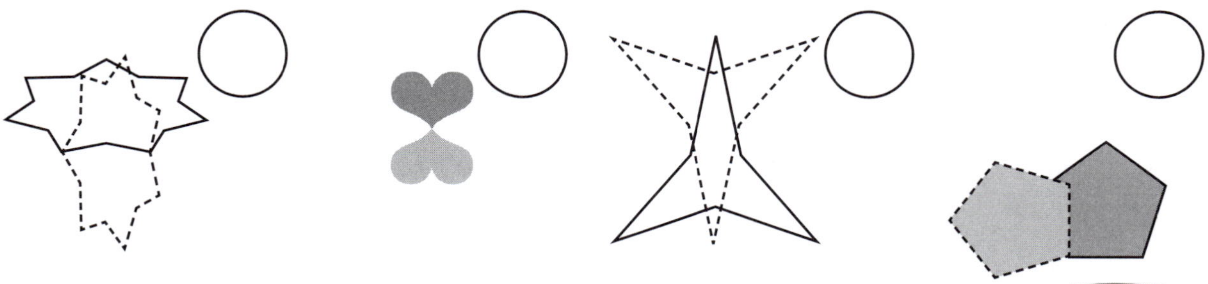

❹ ***Drehe die Figuren nach Vorschrift am Drehpunkt.***

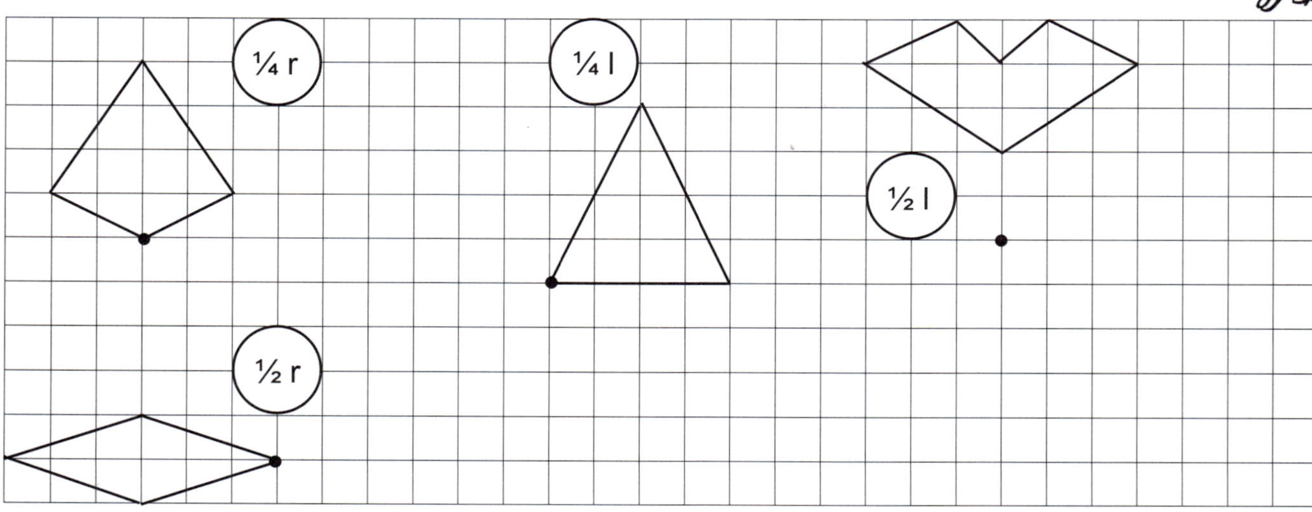

Prüfungsteil
Test 1

➊ Berechne den Unterschied der Zahlen 53 701 und 29 878 und teile das Ergebnis durch 9.

➋ Übertrage die Aufgaben in dein Heft und bestimme die fehlenden Ziffern.

5	8	■	3	·	4	■					8	■	2	■	·	■	7	
	■	■	3	7	■							■	■	■	■	5		
-		■	■	■	■	9							5	8	2	7	5	
	■	■	1	■	4	■						3	■	8	■	■	■	

➌ Michael möchte sich einen neuen Computer kaufen. Ein Fachmarkt bietet ein geeignetes Modell für 849 € an. Michael hat auf seinem Sparbuch bereits 582 €. Von seinen Eltern bekommt er wöchentlich 6 € Taschengeld. Durch das Austragen von Werbeprospekten verdient er sich wöchentlich 9 € dazu.
Wie viele Wochen muss Michael sein gesamtes Geld sparen, bis er sich den Computer kaufen kann?

➍ Das Kinderschwimmbecken in Fuchsberg umfasst 792 Liter Wasser. Es kann über zwei Zuläufe gefüllt werden. Durch den ersten Zulauf fließen 8 Liter Wasser pro Minute, durch den zweiten Zulauf können nur 3 Liter pro Minute eingelassen werden.
Wie lange dauert es, bis das leere Becken über beide Zuläufe bis zum Rand gefüllt ist?

➎ Robert fährt um 15.45 Uhr mit seinem Mountainbike in 20 Minuten zur Sportanlage. Dort dreht er 50 Runden, wobei er für jede Runde 90 Sekunden benötigt. Die Heimfahrt dauert aufgrund des hohen Verkehrsaufkommens 7 Minuten länger.
Wann kommt Robert wieder zu Hause an?

➏ Bemale bei den folgenden Würfelnetzen gegenüberliegende Flächen in der gleichen Farbe.

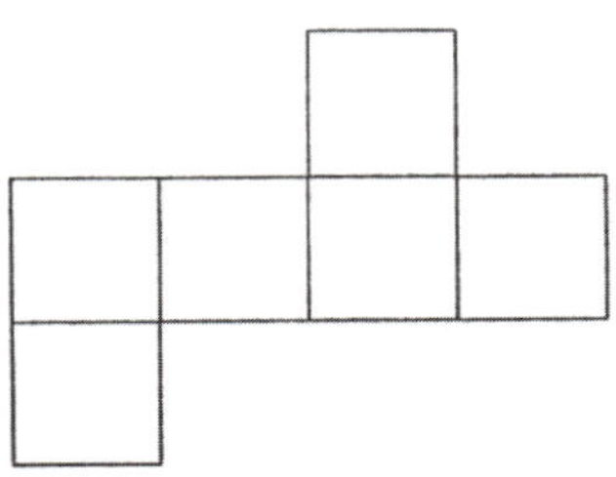

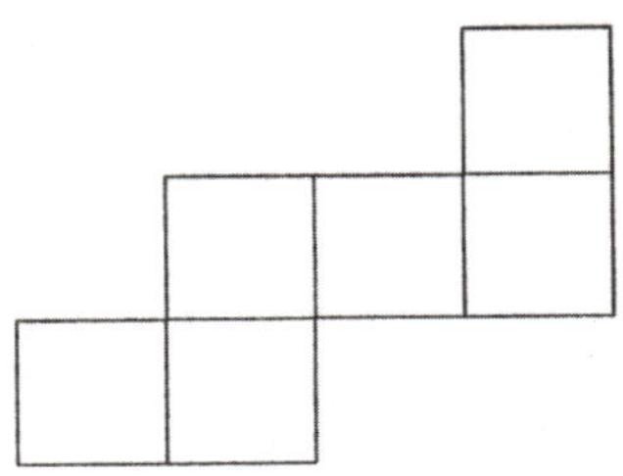

➐ Zeichne bei den folgenden Buchstaben falls möglich die Symmetrieachsen ein.

B C D E H I M N

Test 2

❶ Berechne den Platzhalter, damit die Rechnung richtig wird.
a) 13 002 - ☐ = 13 002 : 3
b) 8 084 : ☐ = 8 052 - 7 958

❷ Subtrahiere von der Zahl 8 779 das 75-fache der Zahl 87 und dividiere das Ergebnis durch 7.

❸ Ordne die Längen der Größe nach. Beginne mit der kleinsten Länge.
257 cm / 2 m 46 cm / 2 m 4 dm 7 cm / 24 dm / 2 m 475 mm

❹ In einer Mühlenanlage arbeiten drei Mühlen.
Die erste Mühle mahlt in sechs Stunden 2 t 760 kg Getreide. Die zweite Mühle schafft in der gleichen Zeit doppelt so viel. Die dritte Mühle benötigt für 2 t 880 kg vier Stunden.
a) Wie viel Getreide mahlt jede Mühle in einer Stunde?
b) Ein Bauer liefert 10,5 t Getreide an. Der Müller teilt die Menge so auf seine drei Mühlen auf, dass der Mahlvorgang in jeder Mühle gleich lange dauert.
Wie viel Getreide hat der Müller in jede Mühle gefahren und wie lange dauert der Mahlvorgang?

❺ Oma feiert ihren 80. Geburtstag. Ihr Enkel Josef rechnet aus, dass er und seine zwei Schwestern genau halb so alt wie Oma sind. Dabei ist Josef 13 Jahre alt und seine Schwester Rosi ist um fünf Jahre älter als seine Schwester Marie.
Wie alt sind Josefs Schwestern?

❻ Die dunkelgraue Figur wurde gedreht. Es entsteht das hellgraue Bild.
Gib jeweils die Drehrichtung und die Drehlänge an. Kennzeichne den Drehpunkt.

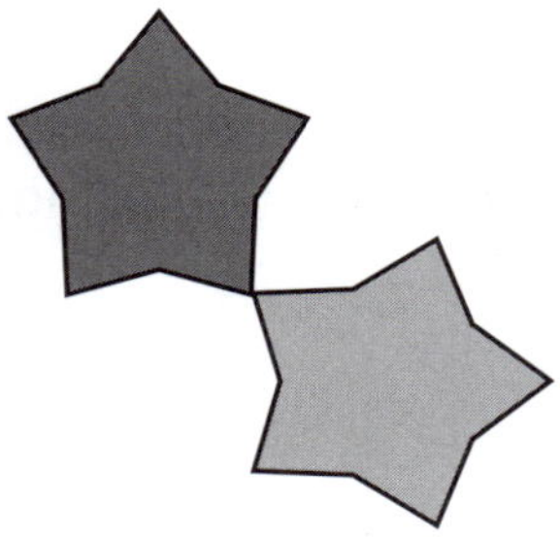

❼ Wie viele kleine Würfel musst du jeweils dazu bauen, damit ein großer Würfel entsteht?

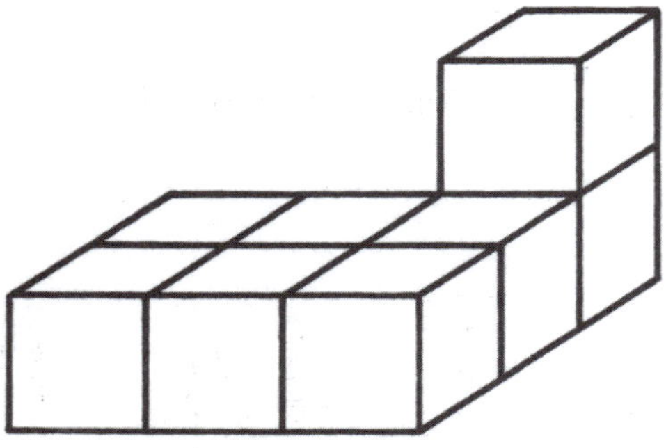

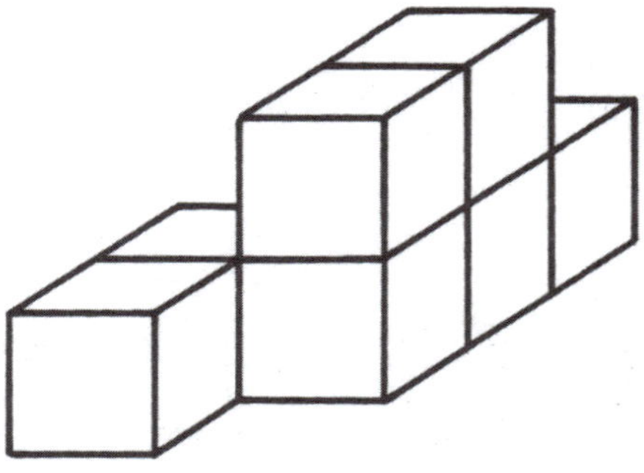

Test 3

❶ Berechne:
a) 932 • 67
b) 46 354 : 98

❷ Gib das Ergebnis in m an.
a) 2 km 7 m - 370 m 60 cm
b) 17 m 6 cm + 8 m 12 dm - 12 m 2 cm

❸ Auf einem Transporter stehen vier Kisten mit insgesamt 453,8 kg Gewicht.
Die erste Kiste wiegt 104 kg 600 g. Die zweite Kiste ist um 6300 g schwerer als die erste, die dritte wiegt um 2,5 kg weniger als die zweite Kiste.
Berechne das Gewicht aller Kisten.

❹ Herr Klaus fährt mit seinem LKW von München in das 820 km entfernte Bremen. Er bricht um 5.15 Uhr auf.
a) Bis zur Mittagspause um 12.00 Uhr legt er in jeder Stunde 80 km zurück.
Wie viele Kilometer hat Herr Klaus bis dahin schon zurückgelegt, wenn er zwischendurch eine Viertelstunde gerastet hat?
b) Nach zwei Stunden geht die Fahrt weiter. Die Fracht soll um 18.00 Uhr in Bremen sein.
Wie viele Kilometer muss Herr Klaus nun durchschnittlich pro Stunde zurücklegen?

❺ Herbert möchte ein Schlüsselbrett basteln. In das 0,35 m lange Brett schlägt er in jeweils gleichem Abstand fünf Nägel. Der erste und der letzte Nagel sind vom äußeren Rand jeweils 25 mm entfernt.
Wie groß ist der Abstand zwischen zwei Nägeln?

❻ Verschiebe die Figur A um 8 Kästchen nach rechts und zwei Kästchen nach unten, die Figur B um 10 Kästchen nach links und 5 Kästchen nach oben.

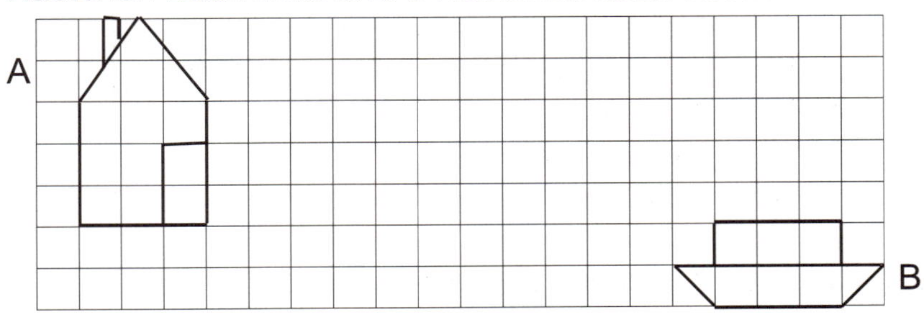

❼ Tanja möchte aus Strohhalmen und Knetmasse Körper bauen. Damit die Modelle stabil sind, soll kein Strohhalm länger als 5 cm sein.
Wie viele Kügelchen aus Knetmasse und wie viele Strohhalmstücke braucht Tanja jeweils für die abgebildeten Körper, deren Grundfläche jeweils ein Quadrat ist?

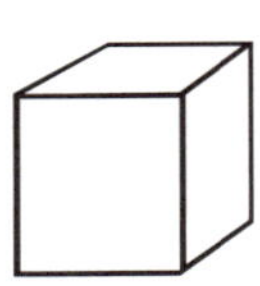

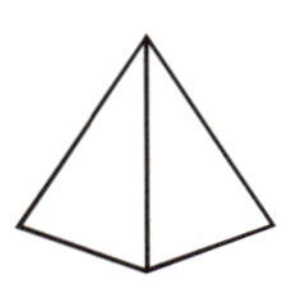

Test 4

➊ Setze die Zahlenfolgen um jeweils zwei Zahlen fort.
a) 6784, 6774, 6754, 6724, ... , ...
b) 2, 4, 8, 16, 32, 64, 128, ..., ...

➋ Fülle die Lücken.

	2		8			:		4	=	8					2		9			:	8		=	3		
-	1													-		6										
		1		0												2	8									
	-														-											
			1	6													2	6								
		-														-										
					0														0							

➌ Obsthändler Apfel bekommt acht Kisten Orangen, die zusammen 0,08 t wiegen.
a) Wie viele Kilogramm Orangen hat Herr Apfel gekauft, wenn eine leere Kiste 250 g wiegt?
b) Wie viel muss Herr Apfel für die Lieferung zahlen, wenn ein Kilogramm Orangen im Einkauf 75 Cent kostet und für Verpackung und Transport zusätzlich insgesamt 11,50 € zu entrichten sind?
c) Beim Auspacken sieht Herr Apfel, dass drei Kilogramm der Orangen verdorben sind. Wie teuer muss er ein Kilogramm verkaufen, wenn er mit den verbliebenen Orangen 42,50 € Gewinn erwirtschaften möchte?

➍ In ein Parkhaus fahren während des Tages 546 Autos hinein und 314 hinaus. Am Abend ist das Parkhaus immer noch mit 276 Fahrzeugen belegt. Wie viele Plätze waren bereits vor der Zählung belegt?

➎ Der Fußballplatz des FC Rott ist 92 m lang und 48 m breit. Im Abstand von 3 m zum Spielfeld sollen Werbetafeln angebracht werden, die den ganzen Platz umgeben. 4 m sollen als Zugang für die Spieler frei bleiben. Wie viel Meter Werbetafeln kann der Sportverein aufstellen?

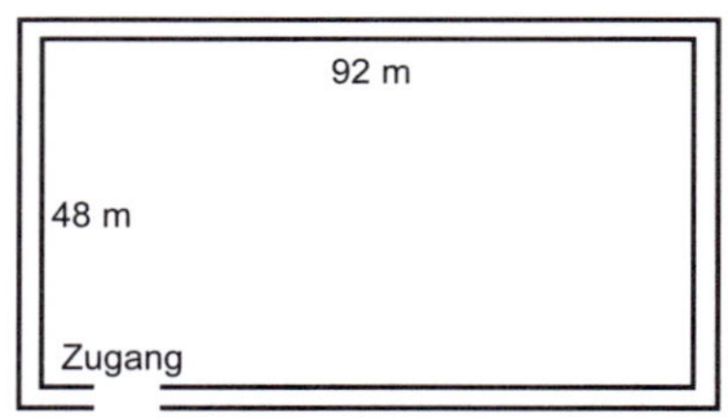

➏ In der rechts abgebildeten Figur liegen zwei Dreiecke so, dass sie genau drei Punkte gemeinsam haben.
Zeichne selbst zwei Dreiecke, die
a) genau einen Punkt gemeinsam haben.
b) zwei Punkte gemeinsam haben.
c) vier Punkte gemeinsam haben.

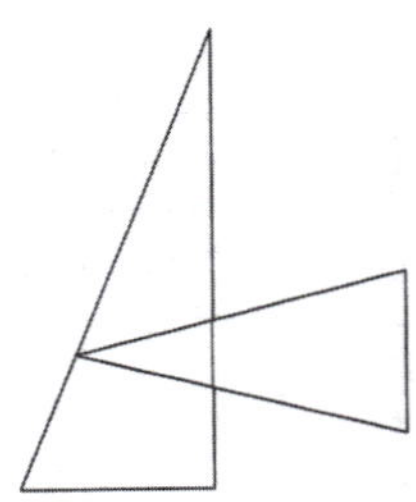

➐ Welches ist der passende Bauplan für das erste Bauwerk?
Schreibe den Bauplan für das zweite Bauwerk selbst auf.

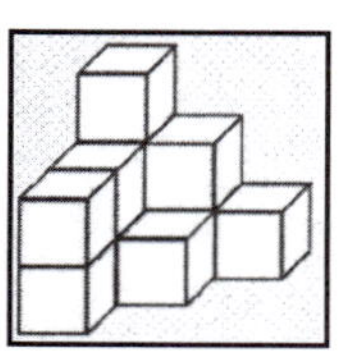

3	2	1
2	2	
1		

3	2	1
2	1	
2		

3	2	1
1	2	
2		

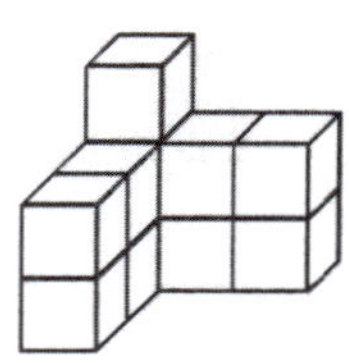

Test 5

❶ Bilde aus den Ziffern 5, 9, 7, 2, 4 und 3
a) die größte ungerade Zahl,
b) die kleinste gerade Zahl.

❷ a) Addiere zur Zahl 467 das Vierfache der Zahl 139 und subtrahiere davon die Zahl 386.
b) Subtrahiere von der Zahl 1041 das Sechsfache der Zahl 133 und dividiere das Ergebnis durch 27.

❸ Hanna steht um 6.25 Uhr auf.
Zum Waschen und Anziehen braucht sie 14 Minuten, zum Frühstücken 13 Minuten.
Das Herrichten der Schultasche und des Fahrrades dauert 8 Minuten. Nach 4 Minuten Fahrt zur Schulbushaltestelle kauft sie sich beim Bäcker eine Brotzeit. Das nimmt 5 Minuten Zeit in Anspruch. Der Bus fährt pünktlich um 7.16 Uhr ab.
Wie viel Zeit bleibt Hanna noch für ihre restliche Fahrt mit dem Fahrrad zur Haltestelle?

❹ Nach einem Starkregen sind in einen Keller 180 hl Wasser eingelaufen.
Wie lange dauert das Auspumpen des Kellers mit einer Pumpe, die in einer Minute 40 Liter Wasser wegpumpen kann? Gib das Ergebnis in Stunden und Minuten an.

❺ Herr Bauer möchte sein rechteckiges Grundstück, das 121 m lang und 67 m breit ist, als Weideland für seine Kühe nutzen. Er umzäunt es deshalb in zwei Reihen übereinander mit einem Elektrodraht. An der zum Haus gelegenen Seite baut er ein 4 m breites Holzgatter ein.
a) Wie viele Meter Draht muss Herr Bauer kaufen, wenn er den achten Teil des eigentlich benötigten Drahtes zusätzlich als Reserve kaufen möchte?
b) Im Geschäft wird der Draht in Rollen mit 50 m zum Preis von 9,60 € angeboten. Der einzelne Meter kostet 45 Cent.
Wie kommt Herr Bauer am günstigsten weg und wie viel muss er dann bezahlen?

❻ Die dunkle Fläche stellt die Grundfläche eines Würfels dar.
Beschrifte, welche Fläche jeweils oben (o), vorne (v), hinten (h), rechts (r) und links (l) zu liegen kommt, wenn du das Netz wie abgebildet zum Würfel falten würdest.

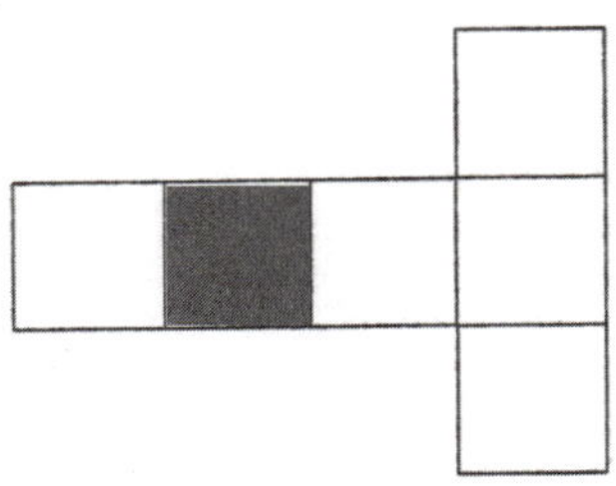

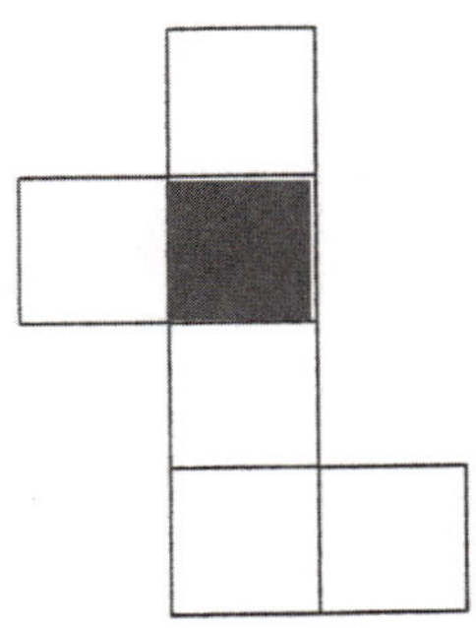

❼ Zeichne bei den folgenden Buchstaben falls möglich die Symmetrieachsen ein.

O S T U V W X Y

Test 6

➊ Schreibe die vier Zahlen untereinander und zähle sie zusammen:

sechsundvierzigtausendzweihundertneun
zweihundertachttausendfünfundsiebzig
neunhundertsiebzigtausendneunzehn
siebenhundertsechstausendeins

➋ Bestimme die fehlenden Ziffern.

	8	4		3	
		5	8		7
-			9	1	8
		9	3	9	4

6		3	7	•		
		5			9	
			8	8		
			6			3

➌ Zahlenrätsel:
a) Dividiere die Summe der Zahlen 741 und 798 durch ihren Unterschied und subtrahiere das Ergebnis vom 207-fachen der größeren der beiden Zahlen.
b) Wenn du von 3 731 die Zahl 1 469 subtrahierst, erhältst du den 78. Teil der gesuchten Zahl.

➍ Frau Krause tankt 48 Liter Superbenzin für 1,48 € pro Liter. Außerdem fährt sie durch die Waschanlage, wofür sie 7,90 € bezahlen muss. Zusätzlich kauft sie 2 Liter Motorenöl, den Liter für 13,75 €.
a) Wie viel hat Frau Krause insgesamt an der Tankstelle ausgegeben?
b) Wie weit kann sie fahren, wenn sie noch 8 Liter im Tank hatte und das Auto 5,6 Liter auf 100 km verbraucht?

➎ Im City-Hotel bezogen am Samstag ab Mittag 56 neue Gäste ihr Quartier. Am Sonntag reisen 88 Gäste ab. Am Sonntagabend sind die Zimmer des Hotels noch mit 236 Gästen belegt. Wie viele Gäste waren es am Samstagmorgen?

➏ Zerlege das Quadrat und das Rechteck jeweils in vier gleiche Dreiecke.

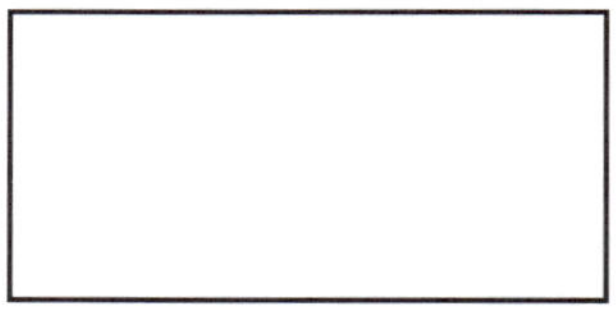

➐ Gib jeweils Verschiebungsrichtung und Verschiebungslänge des Flugzeugs in der Mitte an.

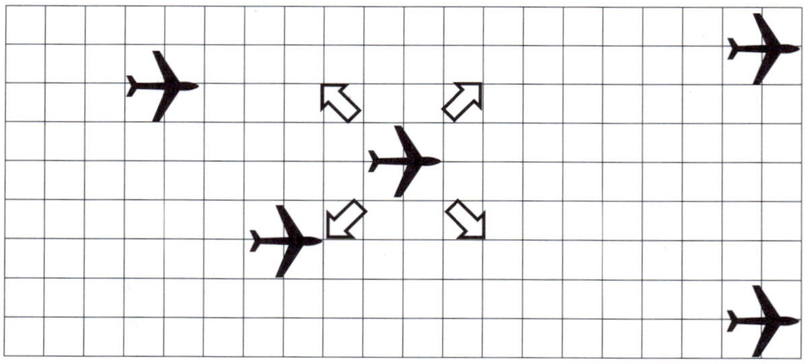

Test 7

❶ Schreibe alle dreistelligen Zahlen auf, deren Hunderterziffer um zwei kleiner ist als die Zehnerziffer und deren Einerziffer um eins größer als die Zehnerziffer ist.

❷ a) Berechne das Produkt der Zahlen 908 und 47.
b) Wenn man das Produkt aus 603 und 58 bildet, erhält man eine fünfstellige Zahl. Um wie viel muss man diese Zahl vermindern, um die größte vierstellige Zahl zu erhalten?
c) Von zwei Zahlen ist eine halb so groß wie die andere. Zusammen ergeben sie 5214. Wie heißen die beiden Zahlen?

❸ Henriette feiert mit ihren 23 Klassenkameradinnen ihren Geburtstag. Sie kauft 12 Tüten Gummibärchen, 24 Schokoriegel und 8 Tüten Bonbons.
Eine Tüte Gummibärchen kostet 79 Cent, ein Schokoriegel 0,49 € und eine Tüte Bonbons 1,42 €.
a) Henriette bezahlt mit einem 50 Euro - Schein. Wie viel bekommt sie zurück?
b) Sie will alles gleichmäßig auf sich und ihre Kameradinnen verteilen. Geht das?

❹ Familie Gärtner will ihre Zufahrt pflastern. In jede Reihe kommen 16 Pflastersteine, 14 normale und zwei Endsteine. Insgesamt wurden 1000 Steine in der richtigen Verteilung geliefert.
a) Wie viele Reihen können gelegt werden? Wie viele Steine bleiben übrig?
b) Wie lang wird die gepflasterte Zufahrt, wenn eine Reihe 15 cm breit ist? (m, cm)
c) Wie viel muss Familie Gärtner für die Steine bezahlen, wenn ein normaler Stein 80 Cent und ein Endstein 95 Cent kostet?

❺ In der Haushaltsabteilung werden an einem Tag von einem 100 m langen Stoffband 17 m 30 cm, weitere 13 m 60 cm und 16 m 15 cm an drei Kundinnen verkauft.
a) Wie viele Meter Band sind noch auf der Rolle?
b) Eine weitere Kundin möchte vom Rest des Bandes Stücke zu je 3 m Länge. Wie viele Stücke werden es und welche Länge hat der Rest?

❻ a) Aus wie vielen Bauklötzen besteht das abgebildete Bauwerk?
b) Wie viele Bauklötze braucht man noch, um das Bauwerk zu einem Würfel zu ergänzen?
c) Wie viele Bauklötze würde man insgesamt für einen Würfel brauchen, bei dem jede Reihe aus vier Klötzen besteht?

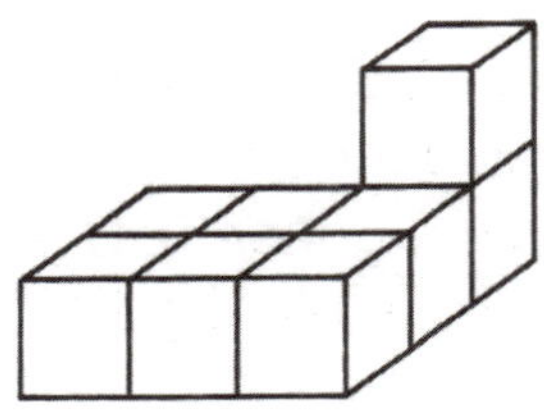

❼ Zeichne jeweils das Spiegelbild.

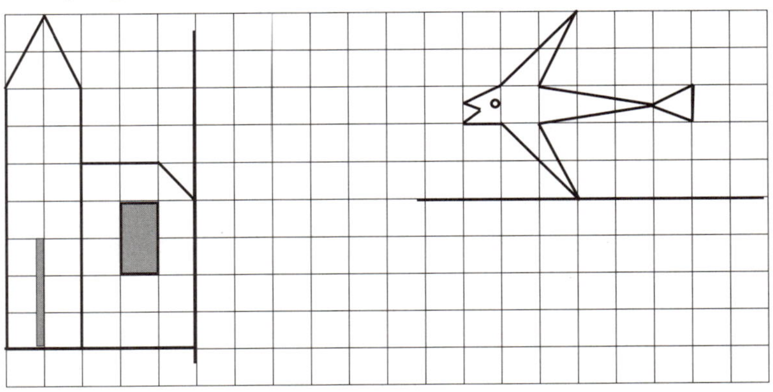

Test 8

➊ a) Berechne den Quotienten aus 54 964 und 91.
b) Berechne den Quotienten aus 13 924 und 59.

➋ Bestimme die fehlenden Ziffern.

	7	3		3									·		7
		6	7		7										
-			4	1	5						6	8	3	4	1
	2	8	0	9	4										

➌ Berechne:
a) 8 m 56 cm - 9 dm 75 mm
b) 2 h 40 min + 6 h 54 min - 2 h 37 min

➍ Herr Glück hat für seine Tochter jahrelang verschiedene Centstücke in einem Glasgefäß für Brautschuhe gesammelt. Auf der Bank lässt die Braut das Geld zählen.
Es waren 1145 1-Cent-Stücke,
743 2-Cent-Stücke und
397 5-Cent-Stücke.
Die Brautschuhe kosten 89 €. Wie viel muss Herr Glück noch dazugeben, dass sich seine Tochter die Schuhe kaufen kann?

➎ Ein Versicherungsvertreter verbraucht in der Woche durchschnittlich 425 Liter Benzin. Mit einer Tankfüllung von 75 Litern kann er im Schnitt 450 km fahren.
a) Wie viele Kilometer fährt der Versicherungsvertreter in einer Woche?
b) Wie viele Euro kostet eine Tankfüllung bei einem Spritpreis von 1,47 €?
c) Nach einer Benzinpreiserhöhung muss er für eine Tankfüllung 114,75 € bezahlen.
Auf wie viel ist der Literpreis gestiegen?

➏ Spinne Egon sitzt auf der Ecke A, Spinne Georgine auf der Ecke G. Egon will auf dem kürzesten Weg zu Georgine. Er kann nur über die Strohhalme gehen, z.B. A-B-F-G.
Schreibe alle Möglichkeiten auf.

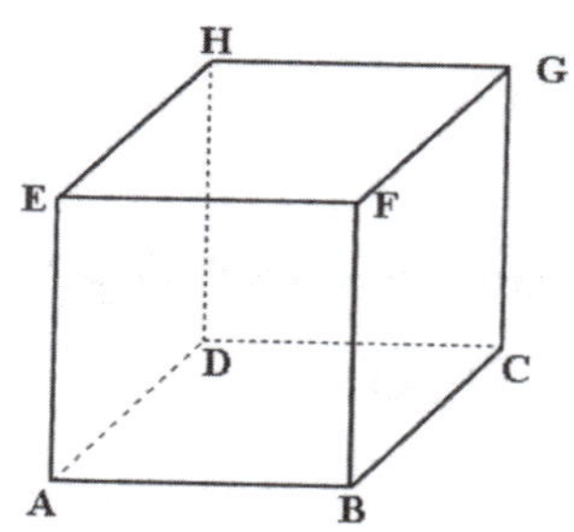

➐ Zeichne die Lokomotive doppelt so groß daneben hin.

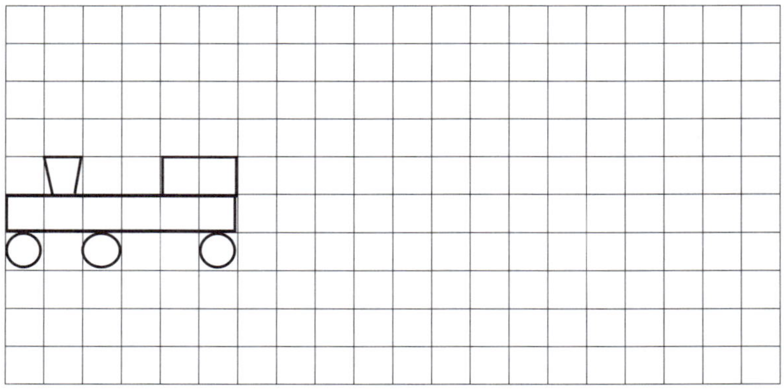

Test 9

❶ Rechne schriftlich und setze das richtige Zeichen ein.

a) 13 • 15 + 12 ☐ 976 : 4

a) 24 • 348 + 412 ☐ 1 758 : 3

❷ Herr Schnell kauft einen Gebrauchtwagen für 13 664 €. Den vierten Teil zahlt er sofort, den Restbetrag will er in acht gleichen Monatsraten abzahlen.

a) Wie hoch ist eine Rate?

b) Wie hoch wäre die Restschuld, wenn Herr Schnell in den ersten drei Monaten jeweils eine Monatsrate von 945 € bezahlt hätte?

❸ Ein Busunternehmen hat vier Schulbusse, die zusammen 196 Schüler transportieren können. Drei Omnibusse sind gleich groß, der vierte Bus hat 28 Plätze weniger.
Wie viele Plätze hat jeder Bus?

❹ a) Ein Parkhaus besteht aus acht gleich hohen Decks und ist insgesamt 17,6 m hoch. Kann ein Kleinbus mit einer Gesamthöhe von 2,30 m einfahren?

b) In dem Parkhaus gibt es insgesamt 304 Parkplätze. Dabei sind in jedem Stockwerk rechts von der Auffahrt vier Stellplätze mehr als links.
Wie viele Stellplätze gibt es auf jeder Seite der Zufahrt?

c) Von den 256 momentan im Parkhaus parkenden Autos hat jedes vierte eine schwarze Farbe. Von den restlichen gibt es doppelt so viele rote wie andersfarbige Fahrzeuge.
Wie viele schwarze und rote Autos sind zur Zeit im Parkhaus?

❺ Durchschnittlicher Wasserverbrauch einer Person pro Tag.

Kochen / Trinken	5 Liter
Geschirr spülen	8 Liter
Blumen / Garten	5 Liter
Körperpflege	49 Liter
Toilettenspülung	35 Liter
Wäsche waschen	49 Liter
Sonstiges	7 Liter

a) Zeichne ein Säulendiagramm.

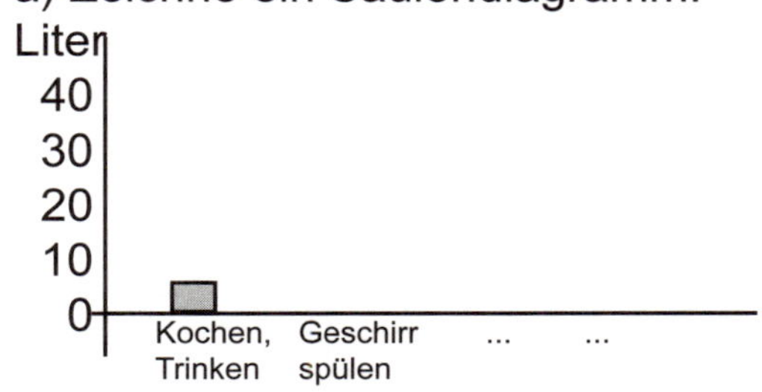

b) Berechne den Wasserverbrauch für eine vierköpfige Familie in einer Woche.

❻ Familie Braun kommt nach drei Wochen Urlaub nach Hause. Frau Braun entdeckt, dass im Bad der Wasserhahn tropft. Sie stellt einen 5 Liter-Eimer unter den tropfenden Hahn. Nach sechs Stunden ist der Eimer voll.
Wie viele Liter Wasser könnten während des Urlaubs verloren gegangen sein?

❼ Wie viele Bauwürfel musst du jeweils ergänzen, damit ein fertiger Würfel entsteht?

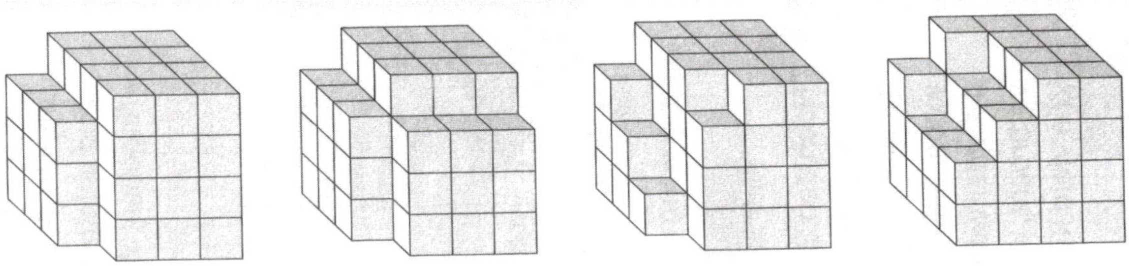

Test 10

❶ a) Die Summe zweier nebeneinander stehender Zahlen ergibt 133. Wie heißen die zwei Zahlen?
b) Die Summe zweier untereinander stehender Zahlen ergibt 178. Wie heißen die zwei Zahlen?
c) Erwin behauptet: Die Summe zweier nebeneinander stehender Zahlen kann niemals gerade sein. Stimmt das? Begründe deine Meinung.
d) Berechne in fünf verschiedenen Reihen jeweils die Summe von drei aufeinander folgenden Zahlen. Vergleiche dann die Summe mit der mittleren Zahl. Was fällt dir auf?

1	2	3	4	5	6	7	8	9	10
11	12	13	14	15	16	17	18	19	20
21	22	23	24	25	26	27	28	29	30
31	32	33	34	35	36	37	38	39	40
41	42	43	44	45	46	47	48	49	50
51	52	53	54	55	56	57	58	59	60
61	62	63	64	65	66	67	68	69	70
71	72	73	74	75	76	77	78	79	80
81	82	83	84	85	86	87	88	89	90
91	92	93	94	95	96	97	98	99	100

❷ a) Teilt man eine Zahl durch 237, so erhält man 197 und den Rest 139. Wie heißt die Zahl?
b) Drei Zahlen ergeben zusammen 13 750. Die erste Zahl ist das 16-fache von 583. Die zweite Zahl ist der 80. Teil von 8 960. Wie lautet die dritte Zahl?

❸ Eine große blaue und eine kleine gelbe Kugel wiegen zusammen 21 g.
Eine große blaue und drei kleine gelbe Kugeln wiegen zusammen 25 g.
Wie viel wiegt jeweils eine blaue und eine gelbe Kugel?

❹ Zum Schulfest will die vierte Klasse Blitzkuchen backen. Im Backbuch finden sie ein Rezept, nach dem sie für ein Blech folgende Zutaten benötigen:

Zum Teig:
200 g Margarine, 3 Eier
250 g Zucker, 350 g Mehl
100 g Speisestärke
1 Päckchen (P) Backpulver

Zum Bestreichen:
1 Eigelb
1 Esslöffel (EL) Milch

Zum Bestreuen:
40 g gehobelte Mandeln

a) Erstelle eine Tabelle folgender Art:

Zutaten	Margarine	Zucker	Eier	Mehl	Sp.stärke	Backpulver	Milch	Mandeln
1 Blech								
5 Bleche								

b) Die Zutaten müssen im Supermarkt eingekauft werden. Aus der Tabelle kannst du sehen, zu welcher Menge und zu welchem Preis die Waren im Supermarkt angeboten werden. Wie viele Packungen müssen von jeder Sorte für fünf Bleche eingekauft werden und was kosten die Zutaten?

Zutaten	Margarine	Zucker	Eier	Mehl	Sp.stärke	Backpulver	Milch	Mandeln
Menge	500 g	1 kg	10 Eier	1 kg	500 g	3-er Pack	1 Liter	100 g
Preis	0,89 €	1,49 €	1,39 €	0,87 €	1,25 €	0,29 €	0,66 €	0,65 €

❺ Ein Backblech in der Schulküche ist 32 cm breit und 40 cm lang. Die Kinder schneiden Stücke von 8 cm Breite und 10 cm Länge.
Wie viele Stücke erhalten sie aus einem Blech / aus fünf Blechen?

❻ Zeichne die Grundfläche folgender Körper auf:
a) Würfel b) Quader c) Dreieckspyramide d) Prisma e) Kegel f) Zylinder

❼ Notiere zwei dreistellige Zahlen mit senkrechter Spiegelachse.
Gibt es auch dreistellige Zahlen mit waagrechter Spiegelachse?

Test 11

❶ Berechne den Platzhalter.
a) 199 : ☐ = 6 R 13
b) 37 • 348 + ☐ = 641 757 : 3

❷ Berechne:
a) 4 kg 90 g + 6 kg 4 g - 75 g
b) 39,57 € - 1 € 59 Ct + 68 Ct

❸ Familie Sonne fährt in den Urlaub. Ihr Auto darf zusammen mit der Ladung höchstens 1 t 650 kg wiegen.
a) Wie schwer darf das Gepäck der Familie Sonne sein, wenn das Leergewicht des Autos 1180 kg hat, Herr Sonne 89 kg, Frau Sonne 58 kg und die Kinder zusammen 97 kg wiegen?
b) Das Auto ist bereits mit 130 kg beladen, das Dachgepäck wiegt 57 kg. Zwei Reisetaschen zu 46 kg und 45 kg stehen noch im Haus.

❹ Während einer Sportveranstaltung gibt der Stadionsprecher durch: „Noch fünf Runden im 10000 m-Lauf!“ Eine Runde ist 400 m lang.
Wie viele Runden sind die Sportler bereits gelaufen?

❺ Spiel mit Würfeln
a) Peter würfelt mit einem Spielwürfel 5 mal und addiert die Zahlen. Berechne die kleinstmögliche und die größtmögliche Summe.
b) Peter stellt fest, dass er mit zwei Würfeln die Summe 7 wesentlich häufiger würfelt als die Summe 12. Woran liegt das?

❻ In einem Urlaubsgebiet hat man über die Anzahl der Gäste Buch geführt. Stelle die Gästezahlen in einem Strichmännchen-Schaubild dar. Überlege dir, für wie viele Gäste ein  steht.

1960	43 496 Gäste	1980	64 729 Gäste	2000	82 004 Gäste
1970	50 012 Gäste	1990	97 639 Gäste	letztes Jahr	87 222 Gäste

❼ Zeichne jeweils das Spiegelbild.

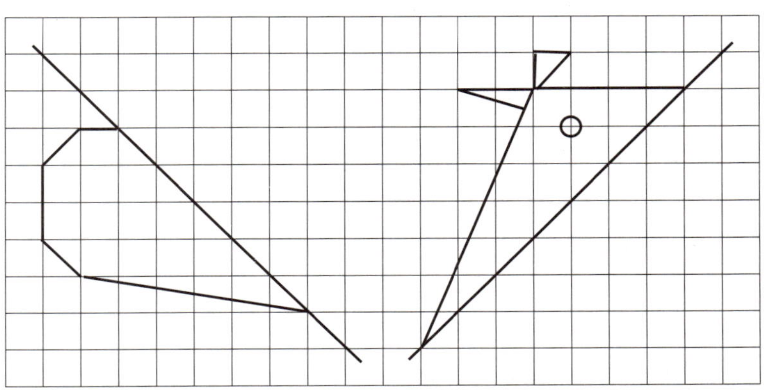

Test 12

➊ a) Bilde aus den Ziffern 6, 5, 3 und 8 die größtmögliche vierstellige Zahl und addiere dazu die kleinstmögliche Zahl.
b) Bilde aus den Ziffern 5, 7,9 die größtmögliche vierstellige Zahl. Du darfst dabei eine der Ziffern doppelt verwenden. Subtrahiere davon die kleinstmögliche dreistellige Zahl.

➋ Bestimme die fehlenden Ziffern.

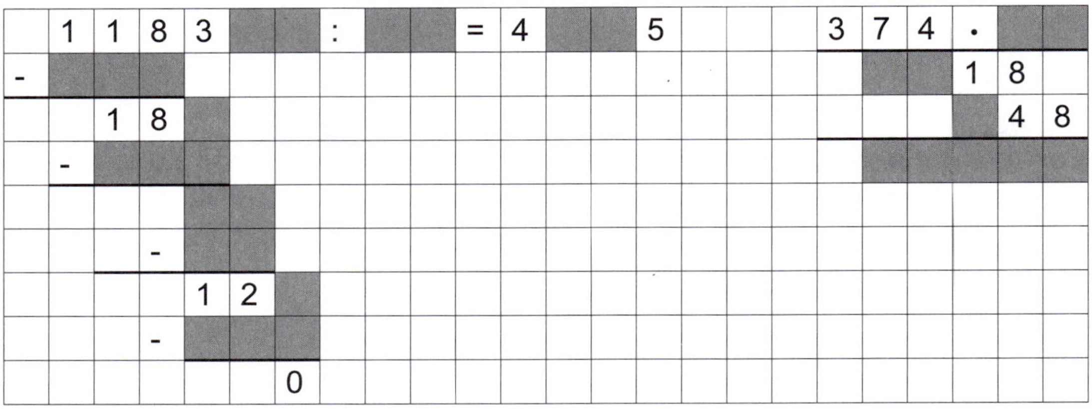

➌ Ein Vater hat zwei Söhne und 3 Töchter. Nach seinem Tod erben die Kinder insgesamt 345 632 €. Nachdem er den beiden Söhnen eine gute Ausbildung finanziert hat, soll jede Tochter doppelt so viel wie ein Sohn bekommen.
Wie viel Geld erhält jedes Kind?

➍ Herr Kaiser ist um 12.00 Uhr von Regensburg nach München gestartet. Nach 57 Minuten ist er genau 45 km 999 m von Regensburg entfernt.
a) Wie viele Meter hat Herr Kaiser durchschnittlich in einer Minute zurückgelegt?
b) Ab 12.57 Uhr fährt Herr Kaiser schneller und legt nun in einer Minute 930 m zurück. Wie weit ist er um halb zwei noch von München entfernt, wenn die Entfernung der beiden Orte 135 km beträgt?

➎ Gesammelter Wertmüll in Sachhausen pro Person und Jahr (kg):

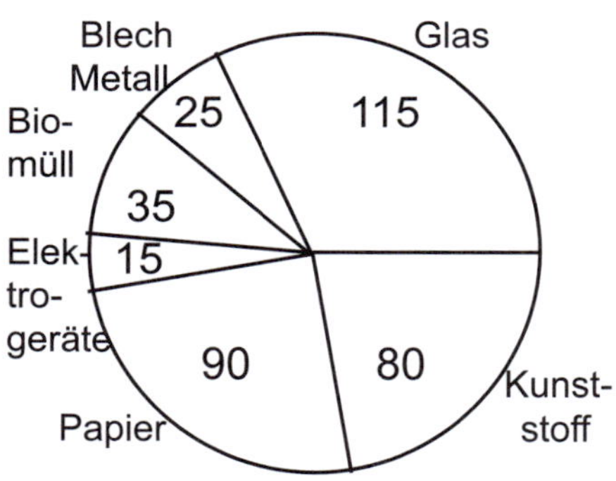

a) Notiere, wie viel Wertmüll jede Person im Jahr produziert.

b) In einem Wohnblock wohnen 37 Personen. Berechne den dort produzierten Wertmüll im Jahr.

➏ Gib für jedes schwarze Flugzeug Drehweite und Drehrichtung an. Kennzeichne den Drehpunkt.

Test 13

❶ Zählt man vier Zahlen zusammen, dann erhält man als Summe 1000.
Die erste Zahl ist 376.
Die zweite Zahl ist um 13 größer als die Hälfte der ersten Zahl.
Die dritte Zahl ist um 17 kleiner als das Doppelte der zweiten Zahl.

❷ Hubert sollte als Hausaufgabe eine Zahl durch 72 teilen. Aus Versehen teilt er die Zahl durch 27 und erhält als Ergebnis 290 R 18.
Wie heißt das richtige Ergebnis der Hausaufgabe?

❸ Die 28 Schüler der vierten Klasse planen eine dreitägige Klassenfahrt mit zwei Übernachtungen. Der Omnibus kostet 189 €. Die Übernachtung für jeden Schüler mit Frühstück 17 €.
a) Wie viel Geld muss der Lehrer insgesamt einsammeln?
b) Kurz vor der Fahrt werden drei Schüler krank und bekommen ihr eingezahltes Geld zurück. Der Preis für den Bus bleibt gleich und muss auf die mitfahrenden Kinder verteilt werden. Wie viel muss jeder Schüler nachzahlen?

❹ Kinderunfälle in Deutschland:

Freizeit	56 600
Schulhof	28 200
Schulweg	15 300
Unterricht	9 400
sonstige	23 000

Zeichne ein Strichmännchenschaubild.
Wähle:  10 000 Kinder
 1 000 Kinder
☺ 100 Kinder

❺ Benjamin nimmt an einem Radrennen teil, bei dem eine Strecke von 171 km zurückgelegt werden muss.
a) Welche Strecke legt Benjamin durchschnittlich in einer Stunde zurück, wenn er für eine 3 km lange Strecke 5 Minuten benötigt?
b) Wie viele Stunden und Minuten braucht Benjamin für die gesamte Strecke?

❻ Aus welchen Körperformen sind die Männchen zusammengesetzt?

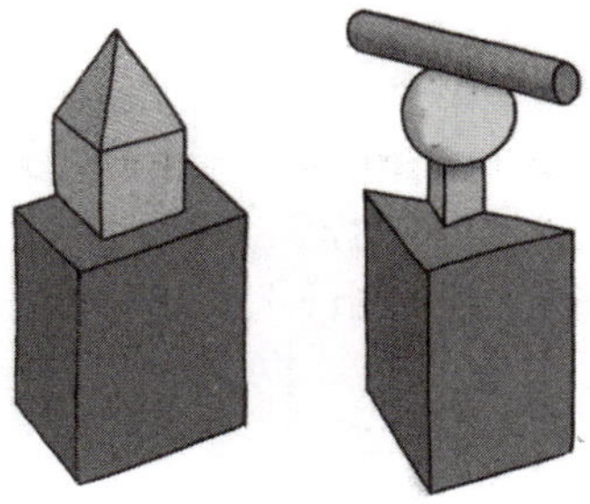

❼ Zeichne das Muster weiter.

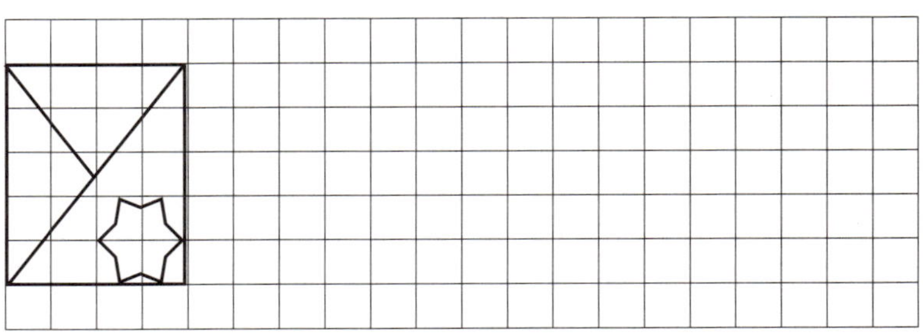

Test 14

❶ Ergänze die freien Felder der Pyramide so, dass die Summe zweier nebeneinander stehender Zahlen jeweils im darüber liegenden Feld steht.

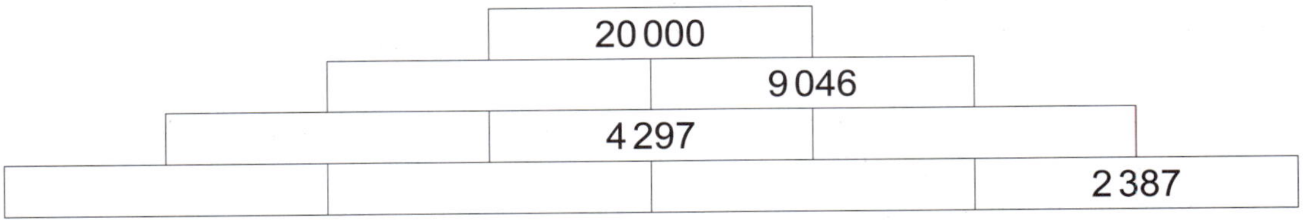

❷ Berechne:
a) 1 387 • 708
b) Um wie viel ist das Dreifache der Zahl 2 589 größer als der vierte Teil der Zahl 9 924?

❸ Bei einer Wohltätigkeitsveranstaltung der Theatergruppe Immergrün wurden insgesamt 5700 € eingenommen. Der zehnte Teil davon war eine Spende. 307 Besucher bezahlten für ihre Plätze 9 €. Der Rest der Besucher saß auf den Plätzen zu je 7 €. Einen Euro spendete das jüngste Mitglied der Theatergruppe von seinem Taschengeld, damit es eine runde Summe wurde.
a) Wie hoch war die Spende?
b) Wie viele Besucher saßen auf den Plätzen zu je 7 €?

❹ Der Inter-City hält zwischen Hof und München 8-mal, wobei jeder Halt zwei Minuten dauert. Berechne die reine Fahrzeit des Zuges, wenn er in Hof um 10.46 Uhr abfährt und in München um 13.29 Uhr ankommt.

❺ Hanna blättert in einem Tierlexikon. Sie entdeckt das im Maßstab 1: 3 verkleinerte Bild eines Eichhörnchens und das im Maßstab 4:1 vergrößerte Bild einer Waldameise. Die Körperlänge beider Tiere beträgt im Buch 4 cm, der Schwanz des Eichhörnchens 3,5 cm.
Wie groß sind die Tiere und der Schwanz des Eichhörnchens in Wirklichkeit?

❻ Ein Quader ist 6 cm lang, 4 cm breit und 3 cm hoch.
a) Wie viele Würfel mit der Kantenlänge 1 cm passen in den Quader?
b) In welcher Menge und in welcher Länge müsste Uwe Strohhalme zuschneiden, wenn er ein Kantenmodell des Quaders basteln möchte.
c) Wie viele Kügelchen aus Knetmasse müsste er für das Kantenmodell drehen?

❼ Zeichne das Spiegelbild.

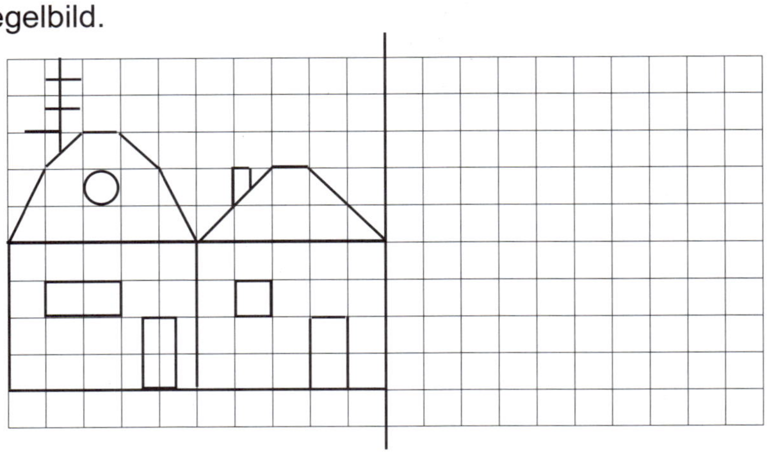

Test 15

➊ Ich denke mir eine Zahl. Wenn ich sie verfünffache und vom Ergebnis 20 097 subtrahiere, erhalte ich den dritten Teil von 11 304.

➋ Zwei Zahlen ergeben zusammen 93 798.
Die eine Zahl ist um 21 562 kleiner als die andere.
Wie heißen die beiden Zahlen?

➌ Herr Hartwig kauft ein neues Auto. Die Hälfte des Barpreises zahlt er sofort. Mit dem Verkäufer vereinbart er eine Ratenzahlung von acht Monatsraten zu je 1545 €. Damit kostet Herrn Hartwig der Wagen 320 € mehr als ausgezeichnet.
Wie hoch ist der Barpreis des Autos?

➍ Ein Tanklastzug, der mit 65 Hektolitern Heizöl beladen war, war eine Böschung hinuntergestürzt. Die Feuerwehr musste das Heizöl vor der Bergung des LKW abpumpen.
Ein Tankwagen, der 35,1 hl fasste, war nach neun Minuten voll. Nachdem die zweite Pumpe, die 13 Liter in der Sekunde schaffte, das Heizöl noch drei Minuten und 37 Sekunden in einen weiteren Tankwagen abpumpte, war der große Tanklastzug leer.
a) Wie viele Liter Heizöl waren im Erdreich versickert?
b) Wie viele Liter Heizöl schaffte jede der zwei Pumpen in einer Minute?

➎ TV Spitzenreiter

Wer wird Millionär?	5,95 Mio.
Tagesschau	4,89 Mio.
Gute Zeiten, schlechte Zeiten heute	3,77 Mio.
heute	3,25 Mio.
Criminal Intent	2,99 Mio.

a) Zeichne ein Streifenschaubild.
(1 mm ≙ 100 000 Zuschauer)
b) Gib für die erste Sendung an, wie viel Zuschauer es höchstens und mindestens gewesen sein können.

➏ Aus welchen Körperformen sind die Männchen zusammengesetzt?

➐ Zeichne jeweils die Lage der Figur nach einer Vierteldrehung nach rechts.
Beachte den Drehpunkt.

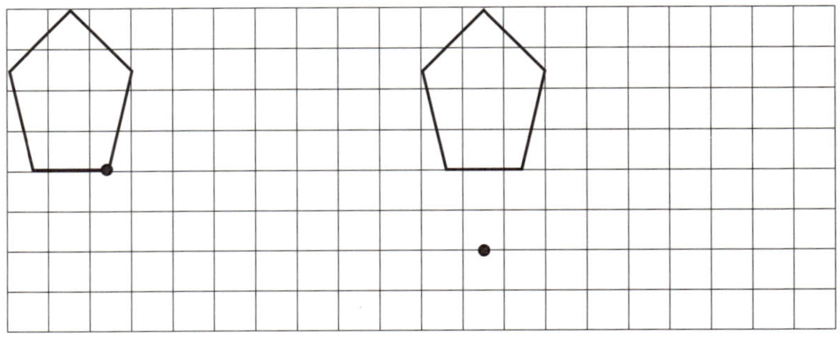

Test 16

➊ Berechne:
a) 208 • 397
b) 426 790 : 70

➋ Katharina hat aus den Ziffern 2, 6 und 8 zwei sechsstellige Zahlen gebildet, indem sie jede Ziffer zweimal verwendet.
Addiert sie die beiden Zahlen, deren Unterschied 618 354 beträgt, erhält sie 1 154 890.
Wie heißen die beiden Zahlen?

➌ Ein Hotel besteht aus einem Alt- und einem Neubau mit jeweils 5 Stockwerken.
Es hat insgesamt 156 Zimmer.
a) Jedes Zimmer kostet 67 € pro Tag. Wie viele Zimmer sind an einem bestimmten Tag nicht belegt, wenn der Besitzer an diesem Tag durch die Vermietung 8509 € einnimmt?
b) Im Altbau befinden sich in allen Stockwerken gleich viele Zimmer. Im Neubau sind im Erdgeschoss überhaupt keine Zimmer und in den anderen Stockwerken jeweils drei Zimmer mehr als in jedem Altstockwerk. Wie viele Zimmer befinden sich im vierten Stock des Neubaus?

➍ In einem Parkhaus kostet tagsüber die erste Stunde 1 Euro, jede weitere angefangene Stunde wird mit 75 Ct berechnet. Für die Nachtstunden zwischen 24 Uhr und 6 Uhr gilt die Sonderregelung, dass jede Stunde nur 25 Ct kostet.
a) Wie viel muss Herr Kaufmann bezahlen, wenn er um 11.36 Uhr einfährt und um 15.14 Uhr an der Kasse bezahlt?
b) Herr Frisch fährt um 10.00 Uhr ein und möchte sein Auto 24 Stunden im Parkhaus parken. Wie teuer ist das?

➎ Lukas hat eine blaue, eine rote, eine grüne und eine gelbe Kugel. Er hält immer zwei verschiedenfarbige Kugeln hoch. Wie viele Möglichkeiten hat Lukas?

➏ a) Markus behauptet, er kann aus einem 45 cm langen Holzstab, den er in 4 cm lange Stücke zersägt, einen Würfel mit der Kantenlänge 4 cm basteln. Stimmt das?
b) Fabian rechnet aus, wie lang die Stücke sein müssen, damit das funktioniert.

➐ a) Wie viele Bauwürfel wurden jeweils verbaut?
b) Wie viele Bauwürfel musst du jeweils ergänzen, damit ein fertiger Würfel entsteht?

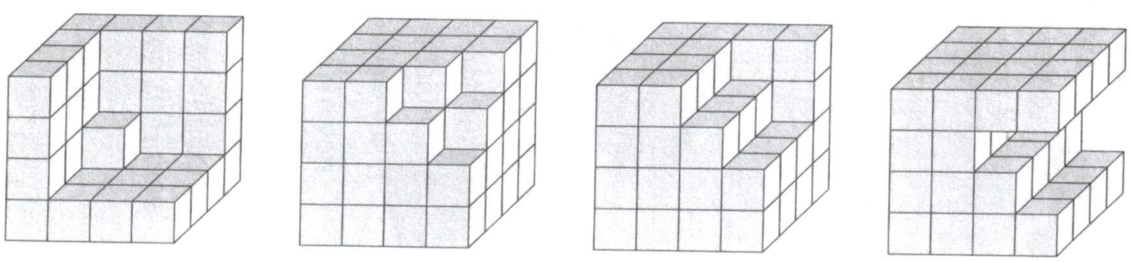

Test 17

❶ Berechne den Platzhalter:
a) □ - 17 893 = 27 038 - 24 895
b) 5937 + □ = 6948 + 3903
c) 5 • □ = 41 015

❷ Petra hat 560 € auf ihrem Sparbuch. Von ihrer Oma erhält sie in regelmäßigen Abständen 35 €.
Wie oft muss Petra das Geld ihrer Oma noch sparen, bis sie sich ein Fahrrad für 699 € leisten kann?

❸ In der Schule wird eine Lieferung aus vier Kartons angeliefert, deren Gesamtgewicht 0,2 t beträgt. Der erste Karton wiegt 56 kg 700 g, der zweite Karton ist um 3900 g schwerer als der erste und der dritte Karton wiegt 2 kg 40 g weniger als der erste.
Wie viel wiegt der vierte Karton?

❹ Ein leeres Wasserbecken fasst 162,9 hl Wasser. Um das Becken zu füllen, wird ein Zulauf geöffnet, durch den in jeder Minute 60 Liter Wasser laufen. Nach drei Stunden wird ein weiterer Zulauf geöffnet, durch den halb so viel Wasser, wie durch den ersten Zulauf fließt.
Wie viele Stunden und Minuten dauert es insgesamt, bis das Becken randvoll gefüllt ist?

❺ CO_2-Ausstoß im Verkehr pro Person auf 100 km

Fahrrad	0 kg
Bus	4 kg
Bahn	7 kg
Auto	9 kg
Flugzeug	16 kg

a) Zeichne ein Säulenschaubild.

b) Wie viel CO_2-Ausstoß könnte eine vierköpfige Familie einsparen, wenn sie, statt mit dem Auto zu fahren, die 900 km lange Reise in den Urlaub mit einem Busunternehmen antreten würde?

❻ Bemale gegenüberliegende Flächen mit der gleichen Farbe.

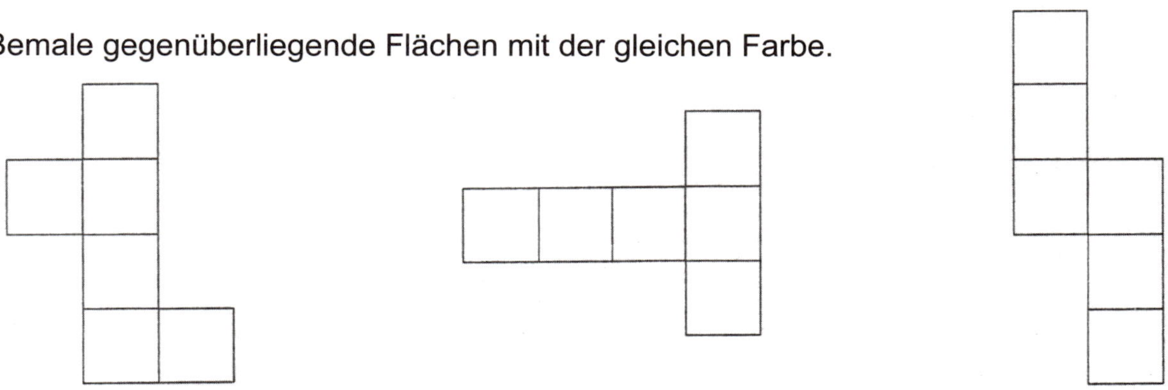

❼ Zeichne falls möglich die Symmetrieachsen ein.

Test 18

❶ Finde die fehlenden Zahlen in der Zahlenpyramide.

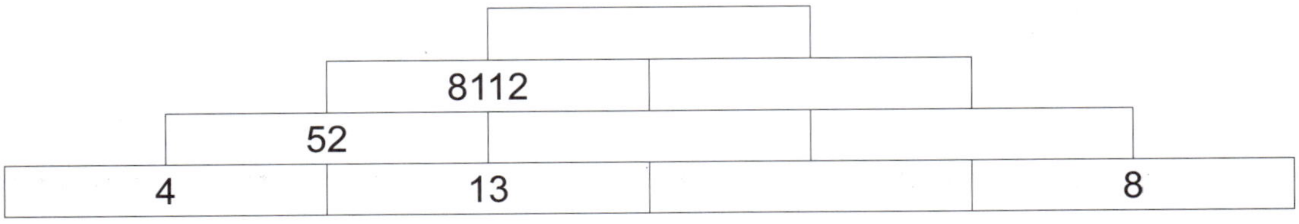

❷ Finde die fehlenden Zahlen der Zahlenfolgen.

a) ... , ... , 334, 340, 348, 358, ... , ... , ...

b) ... , ... , 1213, 2216, 1711, 2714, 2209, ... , ...

❸ Eine Heizölfirma verlangt für einen Liter Heizöl 78 Ct. Herr Arm lässt seinen Tank, in dem sich noch ein Ölrest von 750 Litern befindet, wieder ganz auffüllen und bezahlt dafür 1755 €.

a) Wie lange hätte das Öl noch gereicht, wenn die Familie täglich 30 Liter verbraucht?

b) Wie viel Liter fasst der Tank?

c) Wie viel hätte Herr Arm zahlen müssen, wenn der Tank völlig leer gewesen wäre?

❹ Ein Kaufmann erhält drei Kisten Apfelsinen. In der ersten Kiste befinden sich 90 Stück, in der zweiten sind es doppelt so viele wie in der ersten und in der dritten Kiste sind 80 Apfelsinen weniger als in der zweiten.

a) Wie viel Geld nimmt er ein, wenn er eine Apfelsine für 24 Ct verkauft und während des Lagerns 20 Apfelsinen verdorben sind?

b) Was hat der Kaufmann für eine Apfelsine bezahlt, wenn er einen Gewinn von 21,10 € erzielt?

❺ Ein Clown besitzt Hose, Hemd und Hut in den Farben Rot, Blau und Gelb.

a) Wie viele verschiedene Möglichkeiten hat der Clown, um sich anzuziehen?

b) Wie viele Möglichkeiten hätte er, wenn er jedes Kleidungsstück auch noch in der Farbe Grün besitzen würde?

❻ a) Wie viele Bauwürfel wurden verbaut?

b) Wie viele Bauwürfel musst du jeweils ergänzen, damit ein fertiger Quader entsteht?

c) Wie viele Bauwürfel musst du jeweils ergänzen, damit ein fertiger Würfel entsteht?

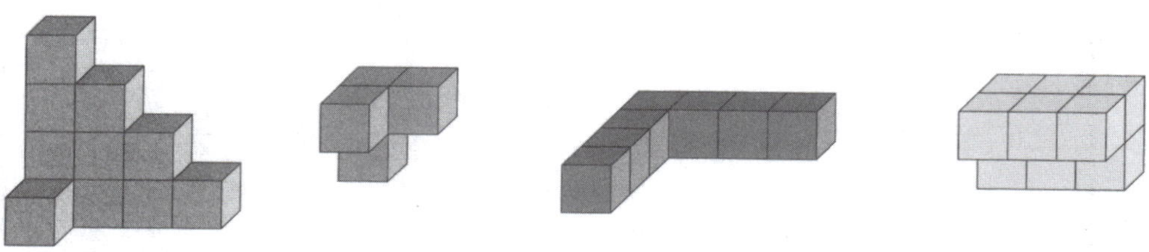

❼ Zeichne jeweils die zweite Hälfte.

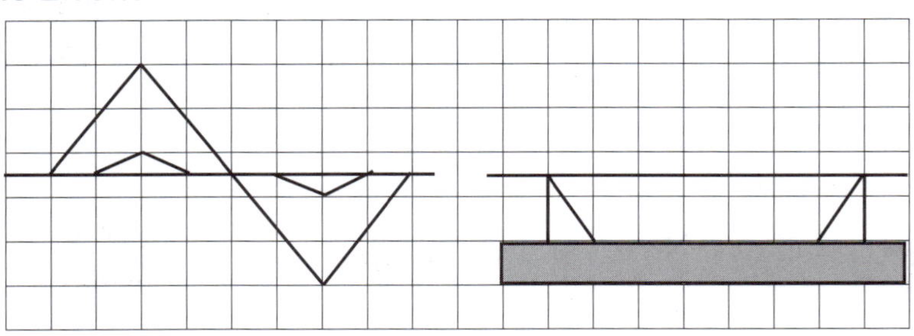

Test 19

➊ Ulli denkt sich eine Zahl. Wenn er diese Zahl von 996 subtrahiert und das Ergebnis mit 12 multipliziert, erhält er wieder 996. Welche Zahl hat sich Ulli gedacht?

➋ Bestimme die fehlenden Ziffern.

	1	8	5		3		:	5		=								6	3	4	·		
-																				6	3	4	
		1	4																				
	-																						4
			2	7																			
		-																					
				4	5																		
			-			6																	
						0																	

➌ Zwei Fußballtrainerinnen kaufen für eine Vereinsfeier ein.
Der Preis für jeweils 100 g beträgt für Gummibärchen 67 Cent, für Schokorosinen 78 Cent, für Marzipantaler 1,04 € und für Pralinen 1,56 €.
a) Eine Trainerin kauft für 49,99 € ein. Sie nimmt 1 kg Gummibärchen, 750 g Schokorosinen und für den Rest des Geldes kauft sie für jeweils denselben Preis Marzipantaler und Pralinen. Wie viel Gramm Marzipantaler und wie viel Gramm Pralinen erhält die Trainerin?
b) Die Fußballtrainerin meint: „Jetzt schleppe ich genau den zwölften Teil meines Gewichts." Wie viel wiegt die Trainerin?

➍ Rosi und Evi machen ein Wettrennen. Sie starten gleichzeitig bei einer Wegschranke, laufen den Weg entlang bis zu einem 270 m entfernten Baum und wieder zurück zur Schranke. Nach einer Minute begegnen sie sich 30 m vom Baum entfernt, wobei Evi schon auf dem Rückweg ist.
a) Wie weit ist jedes Mädchen innerhalb der ersten Minute gelaufen?
b) Welchen Weg legt jede in einer Sekunde zurück, wenn sie im gleichen Tempo weiterlaufen?
c) Nach welcher Zeit ist Evi wieder bei der Schranke? Wie weit muss Rosi dann noch laufen?

➎ Zeichne ein Rechteck mit der Länge 55 mm und der Breite 40 mm und trage die Spiegelachsen ein.

➏ a) Zähle bei jedem Turm alle sichtbaren Zahlen zusammen. Du darfst dabei auch um die Türme herumschauen, aber keinen Würfel abheben.
b) Wie groß ist die Summer aller Augen, die du nicht sehen kannst?

Test 20

❶ Berechne:
a) 4 m 69 cm + 4560 mm + 3 dm 45 cm + 2,3 m
b) 4 h 45 min + 3,5 h + ½ h + 24 min + ¾ h

❷ Welche Zahlen sind kleiner als der Unterschied der Zahlen 467 239 und 378 469 und größer als der sechste Teil von 532 596?

❸ Ein Blumenhändler kauft 200 Rosen zu je 30 Ct und fährt damit auf den Markt. Dort stellt er fest, dass der fünfte Teil der Rosen abgeknickt ist und nicht mehr verkauft werden kann. Für die übrigen Rosen verlangt der Händler nun das Doppelte des Einkaufspreises. Um 12 Uhr hat er erst die Hälfte der Rosen verkauft. Um alle Rosen loszubringen, verkauft er den Rest um 35 Ct das Stück.
a) Berechne den Gewinn des Blumenhändlers, wenn er alle Rosen verkauft hat.
b) Überprüfe, ob der Gewinn höher ausgefallen wäre, wenn der Händler nach 12 Uhr die Rosen für 45 Ct je Stück verkauft hätte, ihm aber 17 Rosen übrig geblieben wären.

❹ Geschäftsmann Klausen fährt um 7.19 Uhr von zu Hause los. Er hält sich 26 Minuten an einer Tankstelle auf. Bei einem Geschäftsfreund bleibt er eindreiviertel Stunden.
Um halb drei ist Herr Klausen wieder daheim.
a) Wie viele Kilometer ist er gefahren, wenn er durchschnittlich 75 km in der Stunde zurückgelegt hat?
b) Am nächsten Tag fährt Herr Klausen 500 km. Wie teuer ist die Fahrt, wenn das Auto auf 100 km 8,4 Liter braucht und ein Liter Benzin 1,49 € kostet?

❺ Erdbeerernte in einigen Bundesländern:

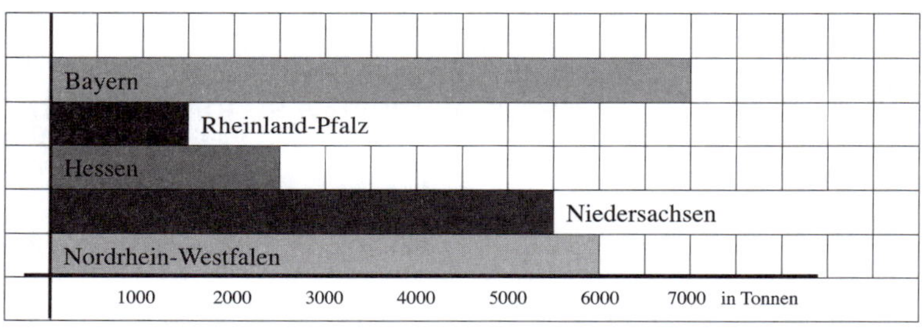

a) Ermittle aus dem Schaubild die Menge der geernteten Erdbeeren für die einzelnen Bundesländer.

b) Vergleiche den Ernteertrag von Bayern und Rheinland-Pfalz.

❻ a) Wie viele Bauwürfel wurden verbaut?
b) Wie viele Bauwürfel musst du jeweils ergänzen, damit ein fertiger Quader entsteht?
c) Wie viele Bauwürfel musst du jeweils ergänzen, damit ein fertiger Würfel entsteht?

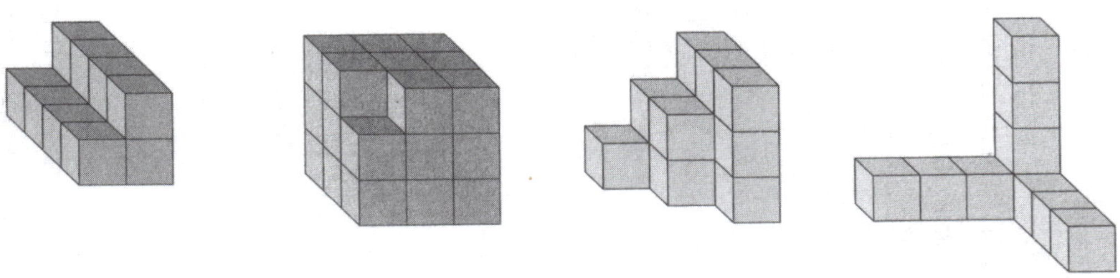

❼ Spiegle die Figur, indem du dein Geodreieck benutzt.

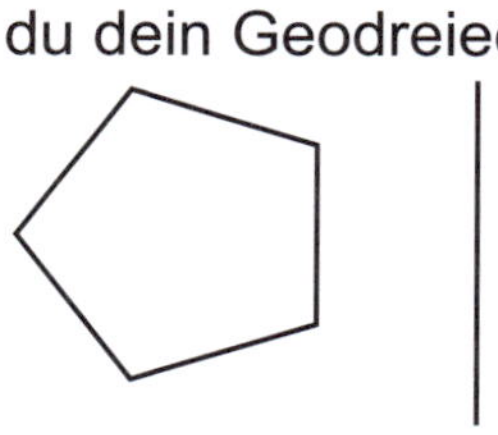

Zahlen und Rechnen (Gesetze, Regeln, Fertigkeiten)

Seite 8:

1 a) 45 753 b) 5 020 809 c) 8 007 053 d) 1 251 723

2 A = 20 000 B = 35 000 C = 65 000 D = 73 000 E = 150 500 F = 153 000
G = 155 300 H = 157 500 J = 740 150 K = 740 400 L = 740 690 M = 740 810

3 a) 251 034 b) 406 102

4

T	H	Z	E	Zahl	E	Z	H	T
5 000	5 800	5 830	5 838	5 839	5 840	5 840	5 900	6 000
25 000	25 700	25 780	25 780	25 781	25 782	25 790	25 800	26 000
49 000	49 900	49 990	49 998	49 999	50 000	50 000	50 000	50 000
60 000	60 000	60 000	60 000	60 001	60 002	60 010	60 100	61 000

5 a) 411, 423 ... 483, 495 [+ 12] b) 987, 993 ... 996, 1002 [+ 6, - 3]
c) 5805 ... 5325, 5205 [- 120] d) 43991, 43996 [+ 1, + 2, + 3 ...]
e) 2560, 1280 ... 40, 20 [: 2] f) 2 ... 42, 126 [• 3, - 3]

Seite 10:

1 530 917 / 1 872 241 / 174 017 / 117 121

2 185 823 / 1 009 270 / 104 406 / 1 435 263

3 35 826 + 1 174 + 65 837 = 102 837 63 902 + 27 098 + 125 + 55 775 = 146 900
19 757 + 28 243 + 8 273 + 7 727 = 64 000 93 186 + 14 + 904 + 96 + 6 800 = 101 000

4 803 201 / 946 747 / 97 308 / 177 980

5

	6	0	5	6	4	8
		2	8	0	6	5
+	2	8	6	0	4	0
	1	1		1	1	
	9	1	9	7	5	3

	9	2	3	1	6	8
	2	6	4	3	3	5
+		1	4	8	7	1
1	1	1	1	1	1	
1	2	0	2	3	7	4

	4	7	5	3	1
	6	2	7	9	8
+	9	0	9	0	5
2	1	2	1	1	
2	0	1	2	3	4

	3	5	8	8	0
		9	2	5	9
+		6	8	8	1
	2	2	2	1	
	5	2	0	2	0

Seite 12:

1 2469 / 5171 / 3907 / 3322 / 6657

2 1. Spalte: 30 589 / 31 380 / 49 241 / 31 932
2. Spalte: 3 118 / 5 497 / 4 367 / 6 629

3 5 806 - 2 874 = 2 932 / 3 102 - 2 998 = 104
9 117 - 1 245 = 7 872 / 3 186 - 1 814 = 1 372

4 4 005 / 4 922 / 495 / 3 103

5

	6	0	4	6
-	2	1	8	6
	3	8	6	0

	9	2	9	1
-	6	6	4	3
	2	6	4	8

	8	3	5	9
-	7	2	7	9
	1	0	8	0

Seite 12:

5

	9	9	1	5
-	6	7	1	8
	3	1	9	7

	5	0	1	2
-	2	9	8	9
	2	0	2	3

	7	9	1	2
-	5	7	8	9
	2	1	2	3

	4	9	6	9
-	2	8	8	9
	2	0	8	0

Seite 14:

1

•	3 649	2 764	7 384
5	18 245	13 820	36 920
6	21 894	16 584	44 304
7	25 543	19 348	51 688

•	5 397	9 027	7 393
4	21 588	36 108	29 572
8	43 176	72 216	59 144
9	48 573	81 243	66 537

2 Ü: 3000 • 50 = 150 000 Ü: 8000 • 80 = 640 000 Ü: 2 000 • 30 = 60 000
118 665 669 366 60 928

3 Ü: 200 • 800 = 160 000 Ü: 800 • 800 = 640 000 Ü: 900 • 700 = 630 000
166 635 649 620 639 936

4 Ü: 7000 • 60 = 420 000 Ü: 1000 • 800 = 800 000 Ü: 800 • 700 = 560 000
R: 7152 • 63 = 450 576 R: 952 • 808 = 769 216 R: 845 • 666 = 562 770

5

9	1	3	7	•	4	7
	3	6	5	4	8	
-		6	3	9	5	9
	4	2	9	4	3	9

6	9	3	7	•	5	4
	3	4	6	8	5	
		2	7	7	4	8
	3	7	4	5	9	8

5	1	4	7	•	7	9
	3	6	0	2	9	
		4	6	3	2	3
	4	0	6	6	1	3

Seite 16:

1

:	273 645	572 760	117 384
3	91215 ✗	190920 ✗	39128 ✗
4	68411 R 1	143190 ✗	29346 ✗
5	54729 ✗	114552 ✗	23476 R 4

:	355 392	759 024	617 496
6	59232 ✗	126504 ✗	102916 ✗
8	44424 ✗	94878 ✗	77187 ✗
9	39488 ✗	84 336 ✗	68610 R 6

2 Ü: 250 000 : 50 = 5 000; Erg. 5 118 / Ü: 400 000 : 80 = 5 000; Erg. 4 597

3 Ü: 48 000 : 60 = 800 Ü: 10 000 : 50 = 200

	4	8	8	8	8	:	6	3	=	7	7	6
-	4	4	1									
		4	7	8								
	-	4	4	1								
			3	7	8							
		-	3	7	8							
					0							

	1	2	7	4	4	:	5	4	=	2	3	6
-	1	0	8									
		1	9	4								
	-	1	6	2								
			3	2	4							
		-	3	2	4							
					0							

Seite 18:

1 563 - 27 : 3 + 9 • 7 = 563 - 9 + 63 = 617 / 805 - 56 : 8 + 9 • 6 = 805 - 7 + 54 = 852
712 - 77 • 5 - 8 • 4 = 712 - 385 - 32 = 295 / 901 - 62 • 4 + 91 : 7 = 901 - 248 + 13 = 666

2 56 + (51 - 21) = 56 + 30 = 86 91 - (78 - 36) = 91 - 42 = 49
288 - (75 - 27) = 288 - 48 = 240 249 - (91 - 64) = 249 - 27 = 222

3 a) 48 < 96 b) 41 < 77 c) 160 < 552 d) 40 = 40 e) 45 = 45 f) 184 = 184

Seite 20:

1 70 832 + 70 832 : 4 + ☐ = 136 156
2. Zahl: 17 708; 3. Zahl: 136 156 - 70 832 - 17 708 = 47 616

2 3 097 • 87 - 47 436 : 67 = 269 439 - 708 = 268 731

3 {(60 059 - 59 190) • 609} : 87 = {869 • 609} : 87 = 529 221 : 87 = 6 083

4 (387 596 + 69 756) + (387 596 - 69 756) = 457 352 + 317 840 = 775 192

5 309 024 : 48 + 212 016 : 56 = 6 438 + 3 786 = 10 224

Seite 22:

1 605 918 ≈ 605 900 (H) | 606 000 (T) | 610 000 (ZT) | 600 000 (HT)
891 793 ≈ 891 800 (H) | 892 000 (T) | 890 000 (ZT) | 900 000 (HT)
779 099 ≈ 779 100 (H) | 779 000 (T) | 780 000 (ZT) | 800 000 (HT)
623 896 ≈ 623 900 (H) | 624 000 (T) | 620 000 (ZT) | 600 000 (HT)
867 909 ≈ 867 900 (H) | 868 000 (T) | 870 000 (ZT) | 900 000 (HT)

2 Rundungsfehler: 2 | 784 600 (H) ≈ 784 598 ≈ 780 000 (ZT) | Rundungsfehler: 4 598
Rundungsfehler: 28 | 873 500 (H) ≈ 873 472 ≈ 870 000 (ZT) | Rundungsfehler: 3 472
Rundungsfehler: 13 | 502 300 (H) ≈ 502 287 ≈ 500 000 (ZT) | Rundungsfehler: 2 287
Rundungsfehler: 34 | 820 700 (H) ≈ 820 666 ≈ 820 000 (ZT) | Rundungsfehler: 666

3 464 500 (min.) - 465 499 (max.) 345 000 (min.) - 354 999 (max.)
873 500 (min.) - 874 499 (max.) 555 000 (min.) - 564 999 (max.)
566 500 (min.) - 567 499 (max.) 465 000 (min.) - 474 999 (max.)
798 500 (min.) - 799 499 (max.) 405 000 (min.) - 414 999 (max.)

4 Rundungsfehler in Klammern
1. Spalte: 8 m (41 cm), 4 kg (56 g), 35 km (433 m), 15 ℓ (322 mℓ)
2. Spalte: 4 m (40 mm), 68 t (345 kg), 39 km (111 m), 286 hℓ (3 ℓ)

5 Bsp.: Wie viele Karten wurden im April mehr oder weniger als im März verkauft?
März: 13 000 + 25 000 = 38 000 / April: 15 000 + 29 000 = 44 000
Unterschied: 6 000; 6 000 Karten wurden im April mehr verkauft.

Rechnen mit Größen

Seite 24:

1

	in € und Ct		in Ct		in €
675 Ct =	6 € 75 Ct	4,65 € =	465 Ct	3 € 87 Ct =	3,87 €
5928 Ct =	59 € 28 Ct	0,34 € =	34 Ct	40 Ct =	0,40 €
60,35 € =	60 € 35 Ct	3 € 7 Ct =	307 Ct	2 Ct =	0,02 €
130 Ct =	1 € 30 Ct	40 € 57 Ct =	4057 Ct	500 € 45 Ct =	500,45 €
56 Ct =	0 € 56 Ct	12 € 40 Ct =	1240 Ct	3 € 5 Ct =	3,05 €

2 93 € 25 Ct | 9325 Ct | 93,25 €
40 € 72 Ct | 4072 Ct | 40,72 €
39 € 65 Ct | 3965 Ct | 39,65 €
98 € 70 Ct | 9870 Ct | 98,70 €
99 € 44 Ct | 9944 Ct | 99,44 €

3 a) 6,88 € b) 45,17 € c) 61,39 € d) 189,41 € e) 0,79 € f) 199,84 €

4 a) 6661,98 € b) 17728,75 € c) 72,52 € d) 40,65 €

Seite 26:

1

	in m		in cm		in mm
4 km =	4000 m	4 m =	400 cm	7 m =	7000 mm
5 km 928 m =	5928 m	3 m 84 cm =	384 cm	4 m 6 cm =	4060 mm
6 km 35 m =	6035 m	3 m 7 dm =	370 cm	8 dm =	800 mm
6,5 km =	6500 m	4,68 m =	468 cm	52 m =	52000 mm

2

	in km		in m		in dm
48 000 m =	48 km	43 000 mm =	43 m	700 mm =	7 dm
57 828 m =	57,828 km	7840 cm =	78,40 m	860 cm =	86 dm
9 km 345 m =	9,345 km	3800 dm =	380 m	8 dm 4 cm =	8,4 dm
6 km 50 m =	6,050 km	4 m 67 cm =	4,67 m	57000 mm =	570 dm

3 a) 54 m + 6,54 m + 2,3 m = 62,84 m b) 2567 m + 3500 m + 460 m = 6527 m
c) 340 mm + 54 mm = 394 mm d) 93 m - 5,78 m = 87,22 m
e) 7 km - 0,570 km - 1,5 km = 4,930 km f) 7200 mm - 4567 mm = 2633 mm

4 a) 13900 cm = 139 m b) 187200 m = 187,2 km
c) 922m = 0,922 km d) 1139 mm = 1,139 m

Seite 28:

1

	in kg		in g		in mg
5,6 t =	5 600 kg	4 kg 562 g =	4 562 g	72 g =	72 000 mg
5 t 60 kg =	5 060 kg	7,5 kg =	7 500 g	573 g =	573 000 mg
66 000 g =	66 kg	61 000 mg =	61 g	6 kg =	6 000 000 mg
45 700 g =	45,7 kg	123 000 mg =	123 g	1 t =	1 000 000 000 mg

2 4 900 mg (= 4,9 g) - 40 200 mg (= 40,2 g) - 0,000043 t (= 43 g) - 51 g - 0,46 kg (= 460 g) - 0,5 kg (= 500 g) - 675 g - 5,001 kg (= 5 001 g)

3 a) 1 568 kg + 390 kg = 1 958 kg = 1,958 t b) 34 g + 5,6 g + 2 g = 41,6 g
c) 4,500 kg + 0,340 kg + 160 kg = 164,84 kg d) 430 g - 32 g = 398 g
e) 5 000 kg - 486 kg - 1500 kg = 3 014 kg = 3,014 t
f) 72 000 mg - 54 mg = 71946 mg = 71,946 g

4 a) 300348 g = 300,348 kg b) 358 800 kg = 358,8 t
c) 1936 (keine Benennung) d) 562 kg

Seite 30:

1

	in hℓ		in ℓ		in mℓ
400 ℓ =	4 hℓ	4 hℓ 62 ℓ =	462 ℓ	7 ℓ =	7 000 mℓ
5 000 ℓ =	50 hℓ	8,5 hℓ =	850 ℓ	5 ℓ 345 mℓ =	5 345 mℓ
6 500 ℓ =	65 hℓ	76 000 mℓ =	76 ℓ	6 hℓ =	600 000 mℓ
545 000 mℓ =	5,45 hℓ	1 500 mℓ =	1,5 ℓ	0,2 ℓ =	200 mℓ

2 $\frac{1}{8}$ ℓ (= 125 mℓ) - $\frac{1}{4}$ ℓ (= 250 mℓ) - $\frac{1}{3}$ ℓ (≈ 333 mℓ) - $\frac{1}{2}$ ℓ = 0,5 ℓ (= 500 mℓ) - 4 002 mℓ - 4 200 mℓ - 5,5 ℓ (= 5500 mℓ)

3 503 mℓ I 670 mℓ I 875 mℓ I 160 mℓ I 750 mℓ I 500 mℓ I ≈ 667 mℓ I 800 mℓ

4 a) 455 ℓ + 350 ℓ = 805 ℓ = 8,05 hℓ b) 5782 mℓ + 125 mℓ = 5907 mℓ = 5,907 ℓ
c) ungefähr: 400 mℓ + 333 mℓ = 733 mℓ = 0,733 ℓ d) 830 ℓ - 425 ℓ = 405 ℓ = 4,05 hℓ
e) 3701 mℓ - 250 mℓ = 3451 mℓ = 3,451 ℓ f) 800 mℓ - 125 mℓ = 675 mℓ = 0,675 ℓ

5 7 ℓ : 1 ℓ = 7 Bierkrüge 7000 mℓ : 200 mℓ = 35 Weingläser
7000 mℓ : 250 mℓ = 28 Wassergläser 7000 mℓ : 100 mℓ = 70 Cocktailgläser
7000 mℓ : 500 mℓ = 14 Bierhumpen 7000 mℓ : 700 mℓ = 10 Weinflaschen

Seite 32:

1

	in Tagen		in Wochen		in Monaten
7 W. =	49 T.	2 J. =	104 W.	14 J. =	168 M.
3 J. =	1095 T.	154 T. =	22 W.	5,5 J. =	66 M.
2,5 M. =	75 T.	469 T. =	67 W.	7920 T. =	264 M.
1 J. 3 W. =	386 T.	Mai, Juni, Juli	13 W. (92 Tage)	720 Std. =	1 M.

Seite 32:

2

	in h		in min		in s
9 d =	216 h	13 h =	780 min	2 h	7200 s
3 d 16 h =	88 h	2 d =	2880 min	17 min =	1020 s
12,5 d =	300 h	2520 s =	42 min	3 h 12 min =	11520 s
870 min =	14,5 h	4 h 17 min =	257 min	4 h 15 s =	14415 s

3 824 s (= 13 min 44 s) - 960 s (= 16 min) - 2,5 h - 4 h 67 min = 5 h 420 s (= 5 h 7 min) - 342 min (= 5 h 42 min) - $\frac{1}{4}$ d (= 6 h) - 7 h - 465 min (= 7 h 45 min)

4

13 min	<	36 min	164 min	=	164 min	15 min	<	16 min 39 s
3 h	=	3 h	188 min	<	260 min	6 h	=	6 h
15 min	>	3 min	285 s	>	200 s	270 min	<	500 min
5 h	<	12 h	15 min 2 s	>	15 min	123 min	>	63 min

Seite 34:

1 a) 5 h 20 min + 6 h 49 min = 12 h 9 min
b) 6 h 57 min + 2 h 38 min = 9 h 35 min
c) 4 h 21 min - 2 h 48 min = 1 h 33 min
d) 8 h 5 min - 4 h 34 min = 3 h 31 min
e) 2 h 36 min • 5 = 156 min • 5 = 780 min = 13 h
f) 3 h 8 min • 7 = 3 h • 7 + 8 min • 7 = 21 h 56 min
g) 2 h 6 min : 3 min = 126 min : 3 min = 42 (keine Einheit)
h) 7 h 24 min : 12 = 444 min : 12 = 37 min

2

Abfahrt	8.45 Uhr	13.36 Uhr	23.35 Uhr	10.36 Uhr	3.30 Uhr	15.49 Uhr
Fahrzeit	2 h 36 min	6 h 48 min	12 h 28 min	1 h 54 min	6 h 50 min	15 h 22 min
Ankunft	11.21 Uhr	20.24 Uhr	12.03 Uhr	12.30 Uhr	10.20 Uhr	7.11 Uhr

3

Abfahrt	8.15 Uhr	4.34 Uhr	9.45 Uhr	23.35 Uhr	0.40 Uhr	22.34 Uhr
Fahrzeit	3 h 12 min	7 h 56 min	7 h 49 min	6 h 40 min	20 h 59 min	8 h 37 min
Ankunft	11.27 Uhr	12.30 Uhr	17.34 Uhr	6.15 Uhr	21.39 Uhr	7.11 Uhr

Seite 36:

1

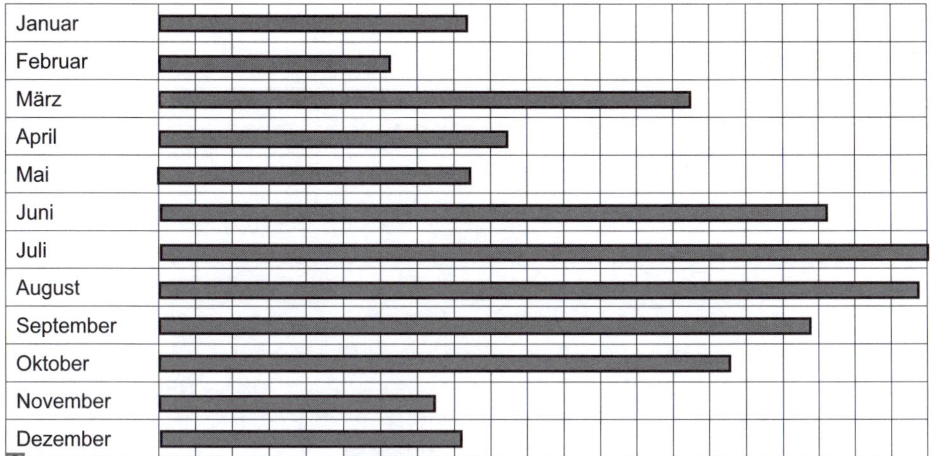

2 A ≙ 290 m | B ≙ 161 m | C ≙ 212 m | D ≙ 320 m | E ≙ 380 m

3 37 PKW
28 LKW
21 Motorräder

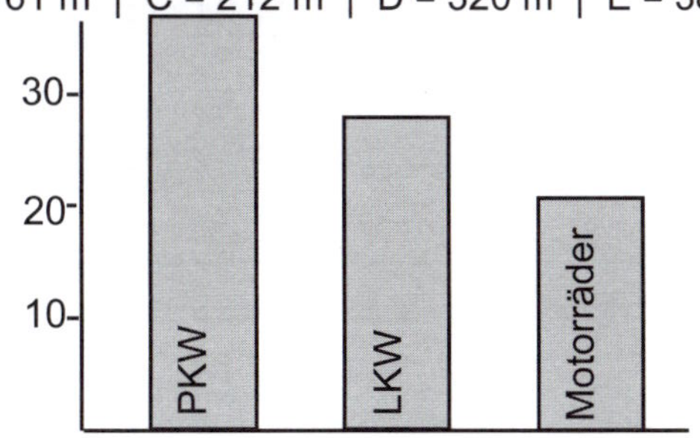

Seite 38:

1 a) 30 mm • 200 = 6000 mm = 6 m ; 9 mm • 200 = 1800 mm = 1,8 m
b) 30 mm • 1000 = 30000 mm = 30 m ; 9 mm • 1000 = 9000 mm = 9 m
c) 30 mm • 50 = 1500 mm = 1,5 m ; 9 mm • 50 = 450 mm = 0,45 m

2 a) 8 cm : 2 = 4 cm   b) 80 mm : 10 = 8 mm
c) 80 mm : 50 = 1,6 mm   d) 80 mm : 100 = 0,8 mm

3 a) 120000 m : 10000 = 12 m   b) 120000 m : 50000 = 2,4 m
c) 120000 m : 25000 = 4,8 m   d) 12000000 cm : 400000 = 30 cm
e) 120000000 mm : 1000000 = 120 mm = 12 cm

Seite 40:

1 a) 145 € • 7 + 45 € + 4 • 7 • 2 € = 1116 €. A: Der Aufenthalt kostet 1116 €.
b) 185 € • 7 + 45 € + 7 • 7 • 2 € + 20 € = 1458 € / 1458 € : 2 = 729 €
Ersparnis: 1068 € - 687 € = 381 €
A: Der Aufenthalt kostet dann 729 €, die Familie könnte 387 € sparen.

Seite 40:

2 Reisebüro Traveller - Mallorca: 83 € • 4 + 45 € • 20 + 32 € • 20 = 1872 €
Reisebüro Gutwind - Mallorca: 478 € • 3 + 478 € : 2 = 1673 €
Reisebüro Gutwind - Kreta: 544 € • 3 + 544 € : 2 = 1904 €
Reisebüro Sonne - Kreta: 998 € + 60 € • 20 = 2198 €
Ersparnis: 2198 € - 1673 € = 525 €
Billigstes Angebot: Reisebüro Gutwind - Mallorca: 1673 €, Ersparnis 525 €.

3 a) 10400 g : 100 g = 104 Tafeln Schokolade.
104 : 52 = 2   A: Pro Woche müsste man zwei Tafeln Schokolade essen.

4 Hin- und Rückweg: 600 m + 600 m = 1200 m
Schulwoche mit 5 Tagen: 1200 m • 5 = 6 km
38 Wochen: 6 km • 38 = 228 km

Geometrie

Seite 42:

1 g(AB), g(CD), g(EF), s(GH), S(JK)

2

	g (AF)	g (AH)	g (BG)	g (BH)	g (HK)	g (FD)	g (EH)
C	X						
D			X			X	
G			X		X		

3 Parallele Geraden: a und f, b und d
Senkrechte Geraden: a und b, a und d, b und f, d und f

4

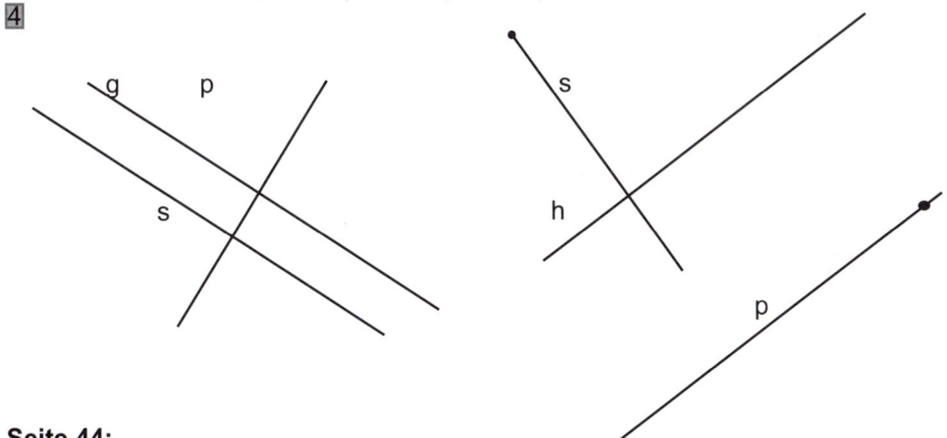

Seite 44:

1 Kopf: Quadrat, Ohr: Dreieck, Auge: Kreis, Stoßzahn: mehrere Dreiecke und eine Raute;
Decke: Rechteck mit Rauten, Schwanz: Dreieck, Körper und Beine: Rechtecke

2 22 Dreiecke

Seite 44:

3

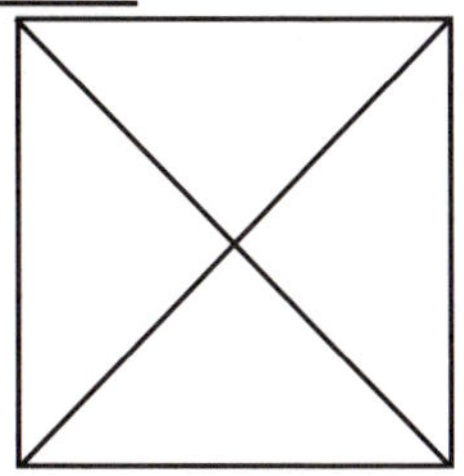

Diagonalen:
Quadrat: 4,2 cm
Rechteck: 5,3 cm

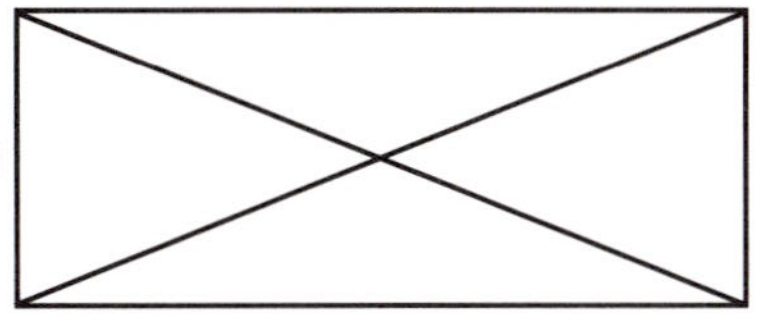

4 Trapez Parallelogramm Drachen

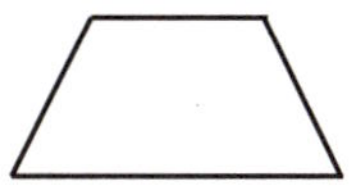

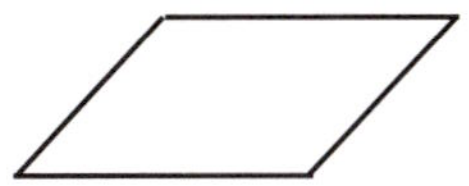

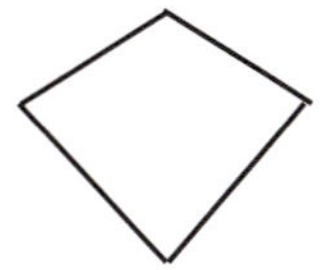

Seite 46:

1 Zylinder und Kegel Würfel, Quader und Pyramide Prisma, Pyramide

2

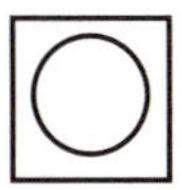

3 a) 2 Würfel
b) 23 Würfel

a) 9 Würfel
b) 57 Würfel

a) 7 Würfel
b) 22 Würfel

b) 10 Würfel
b) 19 Würfel

a) 3 Würfel
b) 21 Würfel

4 150 Quadrate

Seite 48:

1 Aus dem zweiten Netz kann man einen Würfel basteln.

2

3

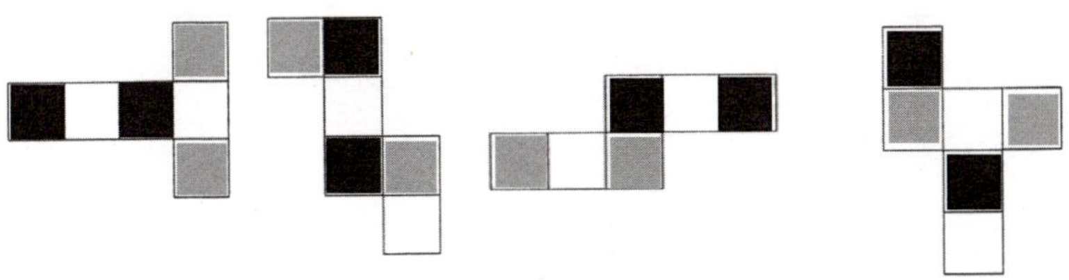

Seite 48:

4

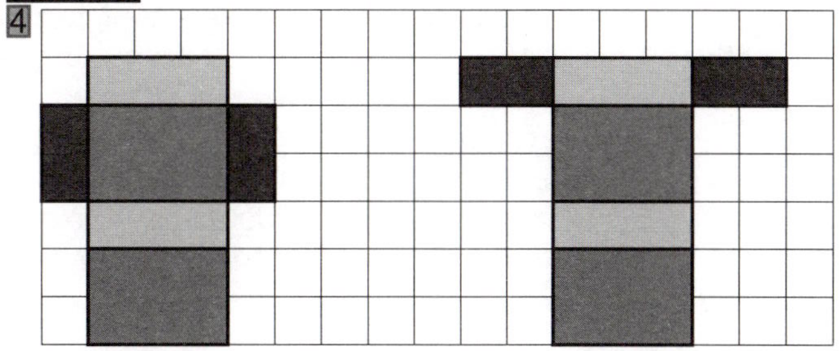

(mehrere Lösungen möglich)

Seite 50:

1

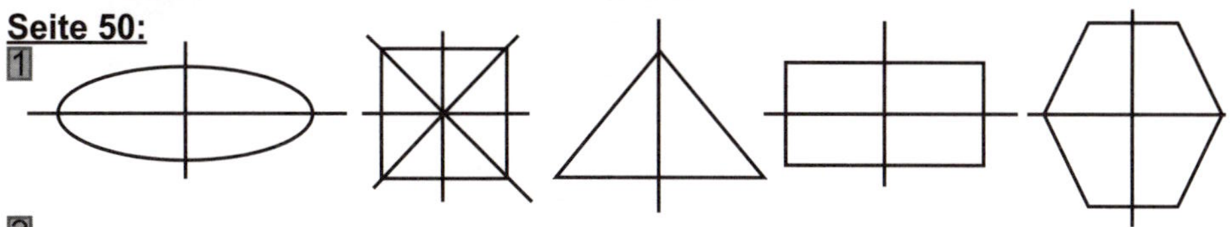

2

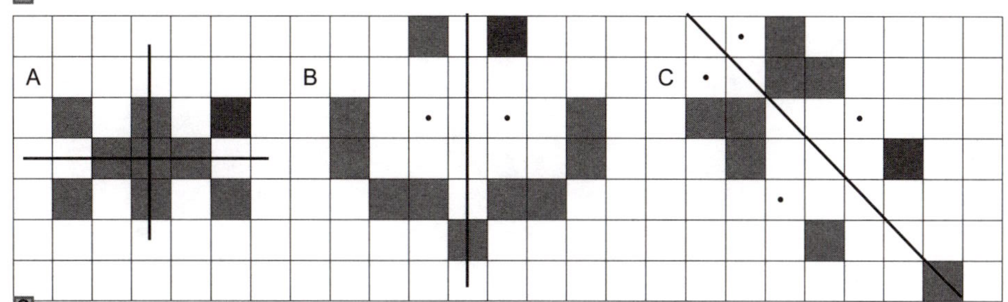

3

4

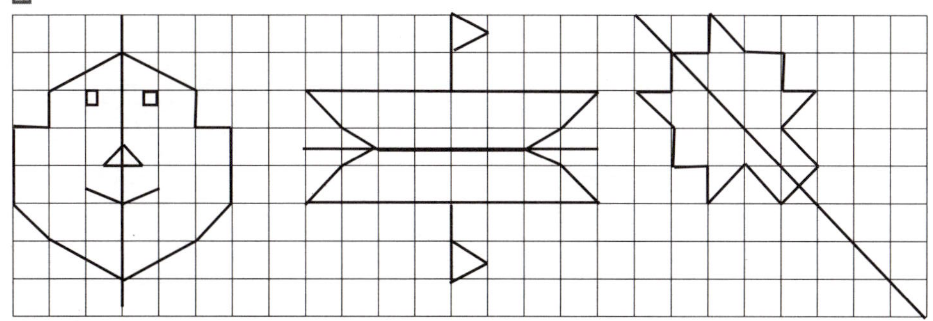

Seite 50: 5

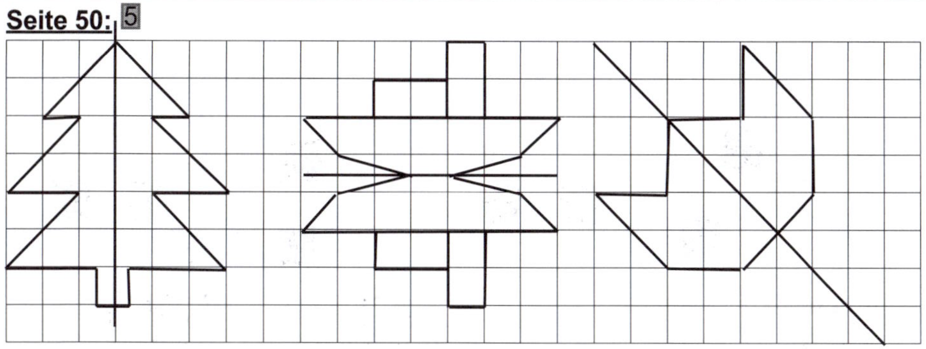

Seite 52:

1 a)

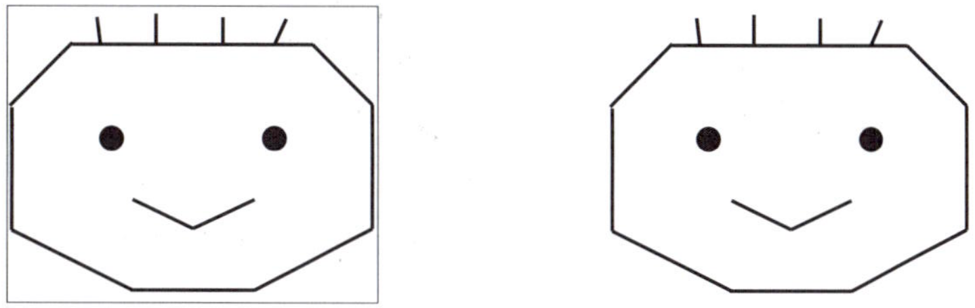

b)

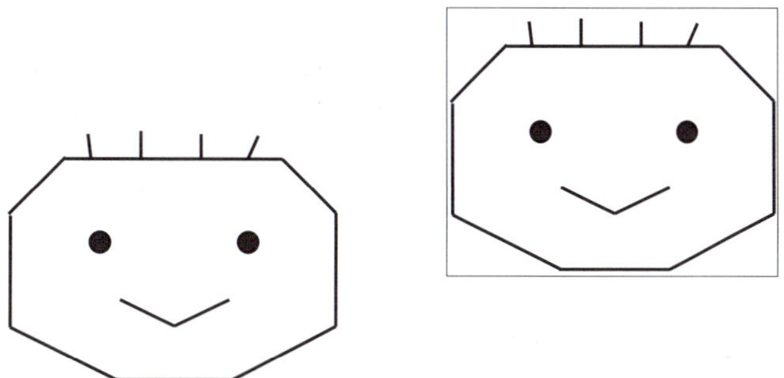

2 6r, 2o / 7r, 1u / 3r, 2o / 10r, 3u

3 ¼ r (= ¾ l) Drehpunkt: Ecke links unten /
½ r (= ½ l) D.: Herzspitze / ½ r (= ½ l) D.: Mitte /
¼ l (= ¾ r) Drehpunkt: Ecke links unten

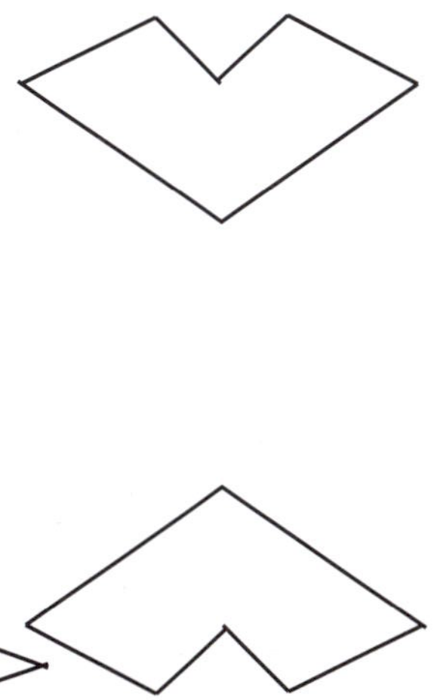

4

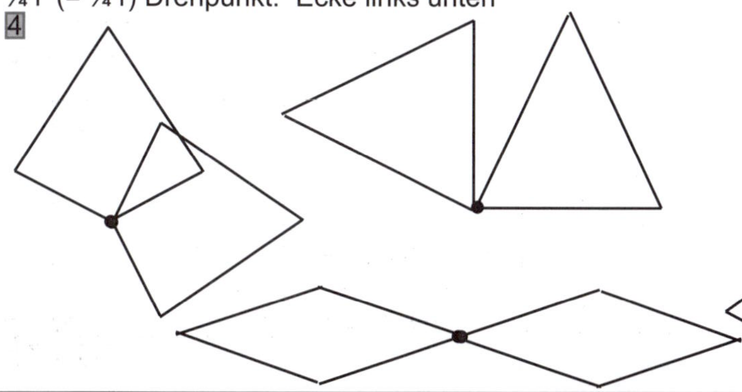

Tests

Seite 53 - Test 1:

1 (53701 - 29878) : 9 = 23823 : 9 = 2647

2

5	8	4	3	·	4	3
	2	3	3	7	2	
-		1	7	5	2	9
	2	5	1	2	4	9

8	3	2	5	·	3	7
	2	4	9	7	5	
		5	8	2	7	5
	3	0	8	0	2	5

3 ▪ Restkosten: 849 € - 582 € = 267 €
▪ wöchentliche Einnahmen: 6 € + 9 € = 15 €
▪ Anzahl der Wochen: 267 € : 15 € = 17 R.12
A: Er muss noch 18 Wochen sparen.

4 ▪ Beide Zuläufe / Min.: 8 ℓ + 3 ℓ = 11 ℓ ▪ Dauer: 792 ℓ : 11 ℓ = 72 Minuten
A: Es dauert 72 Minuten.

5 ▪ Hin- und Rückfahrt: 20 min + 27 min = 47 min
▪ Rundenzeit: 90 s • 50 = 4500 s = 75 min
▪ Zeitdauer insg.: 47 min + 75 min = 122 min = 2 h 2 min
▪ Rückkehr: 15.45 Uhr + 2 h 2 min = 17.47 Uhr
A: Er kommt um 17.47 Uhr zurück.

6

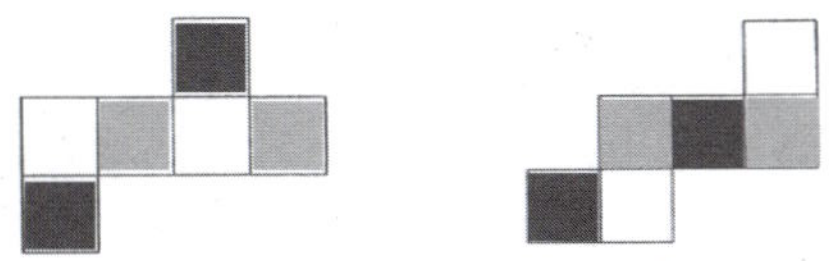

7 B C D E H I M N

Seite 54 - Test 2:

1 a) 13 002 - ☐ = 4334 / ☐ = 13 002 - 4334 = 8668
b) 8 084 : ☐ = 94 / ☐ = 8084 : 94 = 86

2 (8779 - 75 • 87) : 7 = (8779 - 6525) : 7 = 2254 : 7 = 322

3 257 cm / 2 m 46 cm (= 246 cm) / 2 m 4 dm 7 cm (= 247 cm) / 24 dm (= 240 cm) / 2 m 475 mm (= 247,5 cm) ⇨ richtige Reihenfolge:
24 dm / 2 m 46 cm / 2 m 4 dm 7 cm / 2 m 475 mm / 257 cm

4 a) ▪ Erste Mühle: 2760 kg : 6 = 460 kg ▪ Zweite Mühle: 460 kg • 2 = 920 kg
▪ Dritte Mühle: 2880 kg : 4 = 720 kg
A: Die Mühlen mahlen in einer Stunde 460 kg, 920 kg und 720 kg.
b) ▪ Summe aller Mühlen / Std.: 460 kg + 920 kg + 720 kg = 2100 kg
▪ Dauer des Mahlvorgangs: 10500 kg : 2100 kg = 5 Std.
▪ Getreide in den einzelnen Mühlen:
460 kg • 5 = 2300 kg, 920 kg • 5 = 4600 kg, 720 kg • 5 = 3600 kg
A: Der Mahlvorgang dauert 5 Stunden.
2,3 t, 4,6 t und 3,6 t wurden in den einzelnen Mühlen gemahlen.

Seite 54 - Test 2:

5 ▪ Alter der Enkel insgesamt: 80 Jahre : 2 = 40 Jahre
▪ Alter der Schwestern insgesamt: 40 J. - 13 J. = 27 J.
▪ Alter von Marie: (27 J. - 5 J.) : 2 = 11 J.
A: Marie ist 11 Jahre, Rosi ist 16 Jahre und Josef ist 13 Jahre.

6

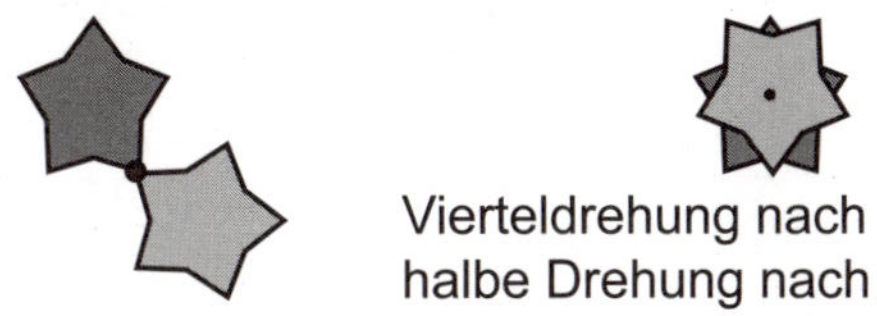

Vierteldrehung nach rechts und
halbe Drehung nach rechts oder links

7 19 Würfel (3 x 3 x 3 = 27 W.) und 57 Würfel (4 x 4 x 4 = 64 W.)

Seite 55 - Test 3:

1 a) 932 • 67 = 62 444 b) 46 354 : 98 = 473
2 a) 2 007 m - 370,6 m = 1 636,4 m
b) 17,06 m + 9,20 m - 12,02 m = 14,24 m
3 ▪ Zweite Kiste: 104,6 kg + 6,3 kg = 110,9 kg
▪ Dritte Kiste: 110,9 kg - 2,5 kg = 108,4 kg
▪ Vierte Kiste: 453,8 kg - (104,6 kg + 110,9 kg + 108,4 kg) =
453,8 kg - 323,9 kg = 129,9 kg
A: Die Kisten wiegen 104,6 kg, 110,9 kg, 108,4 kg und 129,9 kg.
4 a) ▪ Fahrzeit: Von 5.15 Uhr bis 12.00 Uhr abzüglich 15 min Pause sind 6,5 Std.
▪ Zurückgelegte Kilometer bis Mittag: 6 • 80 km + 80 km : 2 = 520 km
A: Er hat bis Mittag 520 km zurückgelegt.
b) ▪ Noch zu fahrende Kilometer: 820 km - 520 km = 300 km
Noch verfügbare Zeit: 18.00 h - 14.00 h = 4 Std.
Kilometer / Std.: 300 km : 4 = 75 km
A: Er muss durchschnittlich 75 km / h zurücklegen.
5 ▪ Abstand rechts und links: 25 mm • 2 = 5 cm
▪ Breite zwischen den äußeren Nägeln: 30 cm, bei 5 Nägeln sind es 4 Abstände
▪ Abstand zwischen zwei Nägeln: 30 cm : 4 = 7,5 cm
A: Der Abstand zwischen zwei Nägeln beträgt 7,5 cm.

6

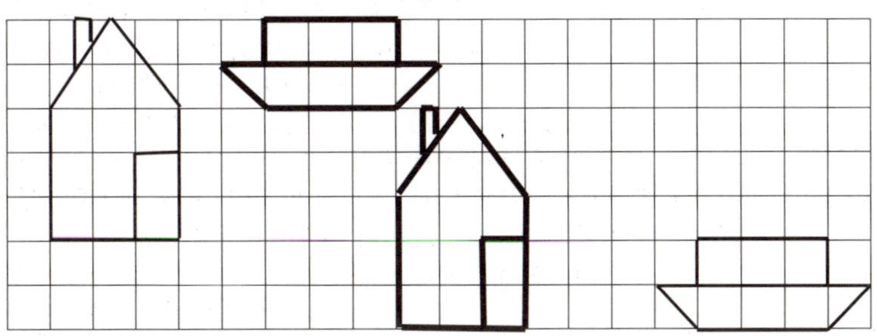

Seite 55 - Test 3:

7 ▪ Würfel: 8 Kügelchen, 12 Strohhalmstücke
▪ Pyramide: 5 Kügelchen, 8 Strohhalmstücke

Seite 56 - Test 4:

1 a) 6 784 (-10) 6 774 (-20) 6 754 (-30) 6 724 (-40) 6684 (-50) 6634
b) immer (•2) 256, 512

2

2	0	8	0	8	:	2	4	=	8	6	7
1	9	2									
	1	6	0								
-	1	4	4								
		1	6	8							
	-	1	6	8							
				0							

	2	8	9	7	1	:	8	7	=	3	3	3
-	2	6	1									
		2	8	7								
	-	2	6	1								
			2	6	1							
		-	2	6	1							
					0							

3 a) ▪ Gewicht der Kisten: 250 g • 8 = 2 kg
▪ Gewicht der Orangen: 80 kg - 2 kg = 78 kg
A: Herr Apfel hat 78 kg Orangen gekauft.
b) ▪ Preis der Orangen: 78 kg • 75 Ct = 58,50 €
▪ Kosten insgesamt: 58,50 € + 11,50 € = 70 €
A: Herr Apfel muss 70 € zahlen.
c) ▪ Höhe des Verkaufspreises insgesamt: 70 € + 42,50 € = 112,50 €
▪ Preis pro Kilo Orangen: 112,50 € : 75 kg = 1,50 €
A: Herr Apfel muss das Kilo Orangen für 1,50 € verkaufen.
4 ☐ + 546 - 314 = 276 ⇨ ☐ + 232 = 276 ⇨ ☐ = 276 - 232 = 44
A: Es waren 44 Plätze belegt.
5 ▪ Länge mit Werbetafeln: 92 m + 3 m + 3 m = 98 m, entspr. Breite: 54 m
▪ Anzahl der Meter insgesamt: 98 m + 98 m + 54 m + 54 m - 4 m = 300 m
A: 300 m stehen für Werbetafeln zur Verfügung.
6 Mögliche Beispiele:

7 Erstes Bauwerk:

3	2	1
2	1	
2		

Zweites Bauwerk:

3	2	2
2		
2		

Seite 57 - Test 5:

1 a) 975 423 b) 235 794

2 a) 467 + 139 • 4 - 386 = 467 + 556 - 386 = 637

b) (1041 - 133 • 6) : 27 = (1041 - 798) : 27 = 243 : 27 = 9

3 ▪ Benötigte Zeit: 14 min + 13 min + 8 min + 4 min + 5 min = 44 min

▪ Uhrzeit nach dem Einkauf beim Bäcker: 6.25 Uhr + 44 min = 7.09 Uhr

▪ Verbleibende Zeit: 7.16 Uhr - 7.09 Uhr = 7 min

A: Hanna bleiben noch 7 Minuten.

4 18000 ℓ : 40 ℓ = 450 min = 7 h 30 min

A: Es dauert 7 Stunden und 30 Minuten.

5 a) ▪ Benötigte Drahtlänge: (121 m + 121 m + 67 m + 67 m - 4 m) • 2 = 744 m

▪ Reserve: 744 m : 8 = 93 m

▪ Drahtlänge insgesamt: 744 m + 93 m = 837 m

A: Er braucht 837 m.

b) ▪ Aufteilungsmöglichkeit: 837 m : 50 m = 16 Rollen Rest 37 m

▪ 1. Möglichkeit mit 17 Rollen: 9,60 € • 17 = 163,20 €

▪ 2. Möglichkeit mit 16 Rollen und Einzelmeter:

9,60 € • 16 + 37 • 45 Ct = 153,60 € + 16,65 € = 170,25 €

A: Beim Kauf von 17 Rollen zum Preis von 163,20 € kommt er um 7,05 € billiger.

6 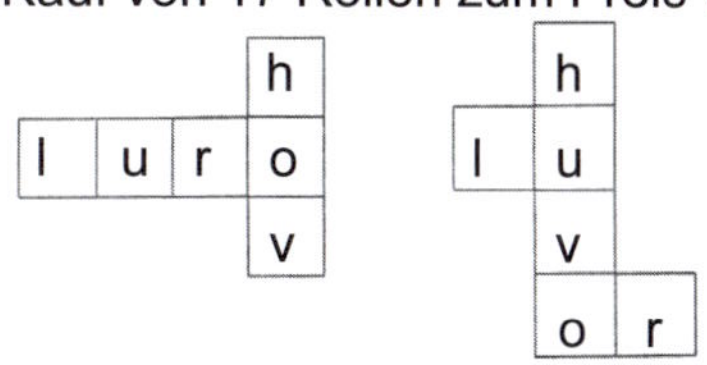

7 

(alle Achsen durch den Mittelpunkt)

Seite 58 - Test 6:

1 46 209 + 208 075 + 970 019 + 706 001 = 1 930 304

2

	8	4	1	3	9				6	5	3	7	·	7	9
		5	8	2	7					4	5	7	5	9	
-	6	8	9	1	8						5	8	8	3	3
		9	3	9	4					5	1	6	4	2	3

3 a) 798 • 207 - {(741 + 798) : (798 - 741)} =

165 186 - {1539 : 57} = 165 186 - 27 = 165 159

b) 3731 - 1469 = ☐ : 78 ⇨ 2262 = ☐ : 78 ⇨ ☐ = 2262 • 78 = 176 436

4 a) ▪ Benzin: 1,48 € • 48 = 71,04 € ▪ Öl: 13,75 € • 2 = 27,50 €

▪ Ausgaben insgesamt: 71,04 € + 7,90 € + 27,50 € = 106,44 €

A: Sie muss 106,44 € zahlen.

Seite 58 - Test 6:

4 b) ▪ Benzinmenge: 48 ℓ + 8 ℓ = 56 ℓ

▪ Wie oft können 100 km gefahren werden: 56 ℓ : 5,6 ℓ = 10

▪ Kilometerzahl: 100 km • 10 = 1000 km

A: Frau Krause kann 1000 km fahren.

5 ☐ + 56 - 88 = 236 ⇨ ☐ = 236 - 56 + 88 = 268

A: Es waren 268 Gäste.

6 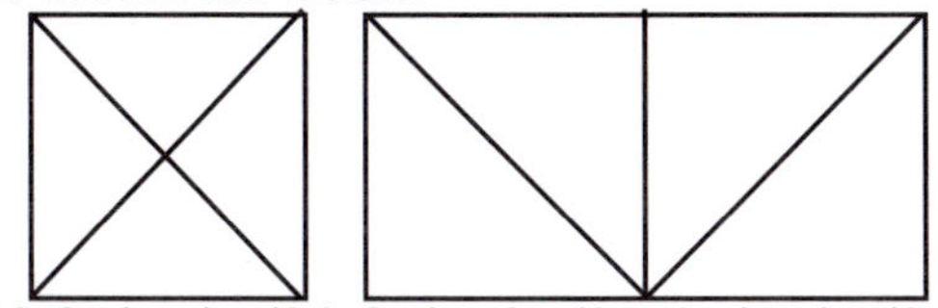

7 (6 l, 2 o) / (3 l, 2 u) / (9 r, 3 o) / (9 r, 4 u)

Seite 59 - Test 7:

1 689, 578, 467, 356, 245, 134

2 a) 908 • 47 = 42 676

b) 603 • 58 = 34 974 / 34 974 - ☐ = 9 999 ⇨ ☐ = 34 974 - 9 999 = 24 975

A: Man muss das Produkt um 24 975 verringern.

c) ☐ + 2 • ☐ = 5 214 ⇨ 3 • ☐ = 5 214 ⇨ ☐ = 5 214 : 3 = <u>1 738</u>,

1 738 • 2 = <u>3 476</u>; Die Zahlen sind 1738 und 3476.

3 a) ▪ Preis für Gummibärchen: 79 Ct • 12 = 9,48 €

▪ Preis für Schokoriegel: 49 Ct • 24 = 11,76 €

▪ Preis für Bonbons: 142 Ct • 8 = 11,36 €

▪ Summe: 9,48 € + 11,76 € + 11,36 € = 32,60 €

▪ Rückgeld: 50,00 € - 32,60 € = 17,40 €; A: Sie bekommt 17, 40 € zurück.

b) Henriette + 23 Klassenkameradinnen sind 24 Kinder.

▪ Gummibärchen: 12 Tüten : 24 Kinder = ½ Tüte pro Kind

▪ Schokoriegel: 24 : 24 = 1 Riegel pro Kind

▪ Bonbons: 8 Tüten : 24 = $\frac{1}{3}$ Tüte pro Kind (Anzahl der Bonbons pro Tüte dritteln)

4 a) ▪ 1000 : 16 = 62 R 8

A: 62 Reihen können gelegt werden, 8 Steine bleiben übrig.

b) 62 • 15 cm = 930 cm = 9 m 30 cm A: Die Einfahrt wird 9,30 m lang.

c) ▪ Anzahl normale Steine: 62 • 14 = 868, 868 + 8 (Reststeine) = 876

▪ Anzahl Endsteine: 62 • 2 = 124

▪ Preis normale Steine: 876 • 80 Ct = 700,80 €

▪ Preis Endsteine: 124 • 95 Ct = 117,80 €

▪ Gesamtsumme: 700,80 € + 117,80 € = 818,60 €

Familie Gärtner muss 818,60 € bezahlen.

5 a) 100 m - 17,30 m - 13,60 m - 16,15 m = 100 m - 47,05 m = 52,95 m

Auf der Rolle sind noch 52,95 m.

b) 52 m : 3 m = 17 Stücke Rest 1 m.

A: Sie bekommt 17 Stücke und 1,95 m bleiben als Rest.

6 a) 8 Bauklötze b) 27 - 8 = 19 Bauklötze c) 4 • 4 • 4 = 64 Bauklötze

Seite 59 - Test 7:

7
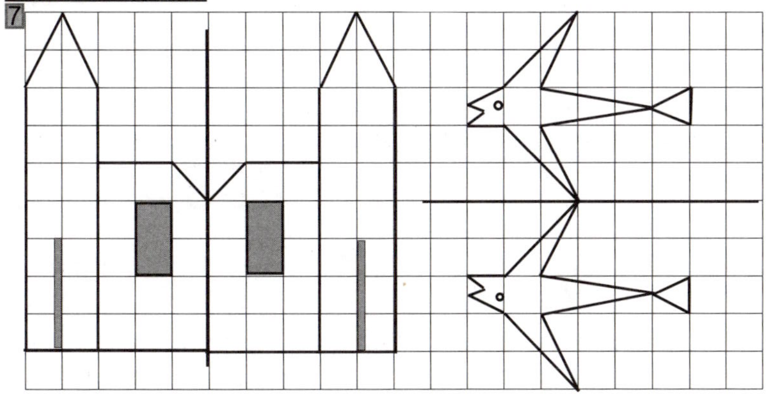

Seite 60 - Test 8:

1 a) 54 964 : 91 = 604 / b) 13 924 : 59 = 236

2

	7	3	2	3	6				9	7	6	3	·	1	7
		6	7	2	7						9	7	6	3	
-	3	8	4	1	5						6	8	3	4	1
	2	8	0	9	4					1	6	5	9	7	1

3

a) 8560 mm - 975 mm = 7585 mm = 7 m 5 dm 8 cm 5 mm

b) 2 h 40 min - 2 h 37 min + 6 h 54 min = 3 min + 6 h 54 min = 6 h 57 min

4 ▪ Wert der 1-Cent-Stücke: 1145 • 1 Ct = 11,45 €

▪ Wert der 2-Cent-Stücke: 743 • 2 Ct = 14,86 €

▪ Wert der 5-Cent-Stücke: 397 • 5 Ct = 19,85 €

▪ Wert insgesamt: 11,45 € + 14,86 € + 19,85 € = 46,16 €

▪ Fehlbetrag: 89,00 € - 46,16 € = 42,84 €

A: Er muss noch 42,84 € dazugeben.

5 a) ▪ Kilometerzahl:

mit einem Liter: 450 km : 75 ℓ = 6 km

mit 425 Liter: 6 km • 425 ℓ = 2550 km

A: Er fährt in der Woche 2550 km.

b) ▪ Preis pro Füllung: 75 • 147 Ct = 110,25 €

A: Er muss 110,25 € zahlen.

c) ▪ Literpreis: 114,75 € : 75 = 1,53 €

Der Literpreis ist auf 1,53 € gestiegen.

6 A - B - F G / A - B - C - G / A - E - F - G /
A - E - H - G / A - D - C - G / A - D - H - G

Seite 60 - Test 8:

7
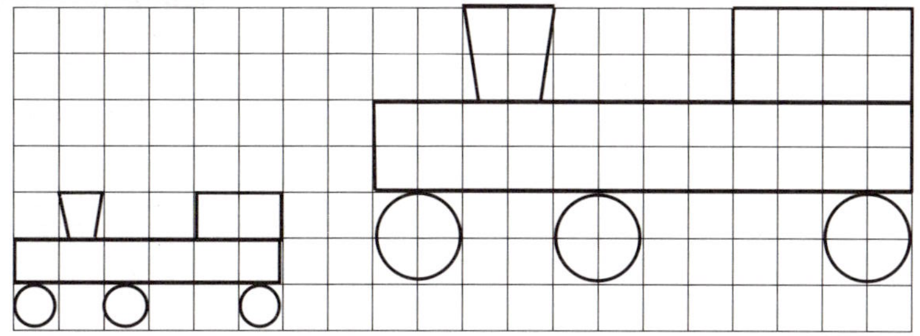

Seite 61 - Test 9:

1 a) 13 • 15 + 12 = 195 + 12 = 207 / 976 : 4 = 244 ⇨ 207 < 244

b) 24 • 348 + 412 = 8352 + 412 = 8764 / 1758 : 3 = 586 ⇨ 8764 > 586

2 a) ▪ Sofortbetrag: 13 664 € : 4 = 3 416 €

▪ Restbetrag: 13 664 € - 3 416 € = 10 248 €

▪ Höhe einer Rate: 10 248 € : 8 = 1 281 €

A: Eine Rate ist 1 281 € hoch.

a) ▪ Wert der drei Raten: 945 € • 3 = 2 835 €

▪ Restschuld: 10 248 € - 2 835 € = 7 413 €

A: Die Restschuld wäre dann 7413 €.

3 ▪ Platz im kleinen Bus: ☐ ▪ Platz im großen Bus: ☐ + 28

▪ Berechnung von ☐ : 28 • 3 = 84; 196 - 84 = 112; 112 : 4 = 28

A: Ein kleiner Bus fasst 28 Plätze, ein großer Bus 28 + 28 = 56.

4 a) ▪ Höhe eines Decks: 17,6 m : 8 = 2,2 m

A: Ein Kleinbus kann nicht hineinfahren.

b) ▪ Plätze pro Deck: 304 : 8 = 38 Stellplätze

▪ Plätze links: 38 - 4 = 34, 34 : 2 = 17

A: Es sind links 17 Stellplätze, 21 Stellplätze.

c) ▪ schwarze Autos: 256 : 4 = 64

▪ restliche Autos: 256 - 64 = 192

▪ andersfarbige Autos: 192 : 3 = 64

▪ rote Autos: 64 + 64 = 128

A: Es sind 64 schwarze, 128 rote Autos.

5 b) ▪ Verbrauch pro Person:

5 ℓ + 8 ℓ + 5 ℓ + 49 ℓ + 35 ℓ + 49 ℓ + 7 ℓ

=158 ℓ

▪ Verbrauch bei vier Personen pro Tag:

158 ℓ • 4 = 632 ℓ

▪ Verbrauch bei vier Personen / Woche:

632 ℓ • 7 = 4424 ℓ

A: Eine vierköpfige Familie verbraucht pro Woche 4424 ℓ = 44,24 hℓ.

a)
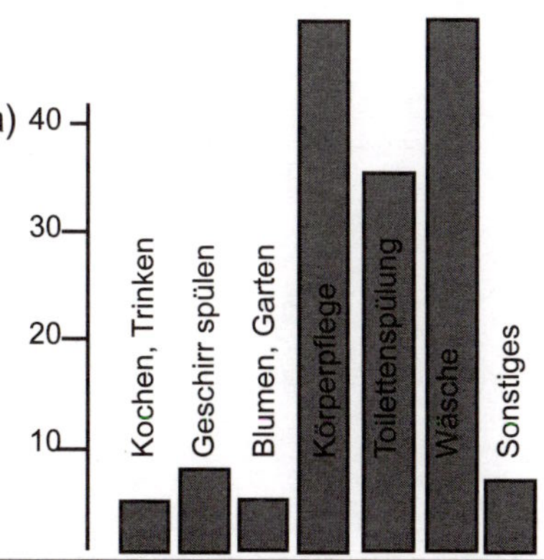

Seite 61 - Test 9:

6 ▪ Umrechnung von drei Wochen in Stunden 3 • 7 • 24 = 504 Stunden
▪ Anzahl der Eimer: 504 Std. : 6 Std. = 84
▪ Wassermenge: 84 Eimer • 5 l = 420 l
A: 420 Liter Wasser sind verlorengegangen.

7 7 Bauwürfel / 10 Bauwürfel / 11 Bauwürfel / 10 Bauwürfel

Seite 62 - Test 10:

1 a) 66 + 67 = 133 / b) 84 + 94 = 178
c) Ja, denn es sind immer eine gerade und eine ungerade Zahl nebeneinander und damit ist die Summe ungerade.
d) Bsp.: 11 + 12 + 13 = 36 (= 3 • 12) / 32 + 33 + 34 = 99 (= 3 • 33) usw.
Die Summe ist immer das Dreifache der mittleren Zahl.

2 a) ☐ : 237 = 197 R 139
⇨ ☐ = 197 • 237 + 139 = 46689 +139 = 46828
b) 583 • 16 + 8960 : 80 + ☐ = 13750
⇨ ☐ = 13750 - 9328 - 112 = 13750 - 9440 = 4310

3 ▪ 1 B + 1 G = 21 g
▪ 1 B + 3 G = 25 g
⇨ 2 G = 4 g (Unterschied an Kugeln und Gewicht) ⇨ 1 G = 2 g und 1 B = 19 g
A: Eine kleine gelbe Kugel wiegt 2 g, eine große blaue Kugel 19 g.

4 a und b)

Zutaten	Margar.	Zucker	Eier	Mehl	Sp.stärke	Backp.	Milch	Mandeln
1 Blech	200 g	250 g	3	350 g	100 g	1 P.	1 EL	40 g
5 Bleche	1 kg	1250 g	15	1750 g	500 g	5 P.	5 EL	200 g
Menge	2 P.	2 P.	2 P.	2 P.	1 P.	2 P.	1 Liter	2 P.
Preis	1,78 €	2,98 €	2,78 €	1,74 €	1,25 €	0,58 €	0,66 €	1,30 €

5 a) ▪ Stücke der Breite nach: 32 cm : 8 cm = 4 Stück
▪ Stücke der Länge nach: 40 cm : 10 cm = 4 Stück
▪ Anzahl der Stücke: 4 • 4 = 16
A: Sie erhalten 16 Stück pro Blech, also 80 Stücke bei 5 Blechen.

6
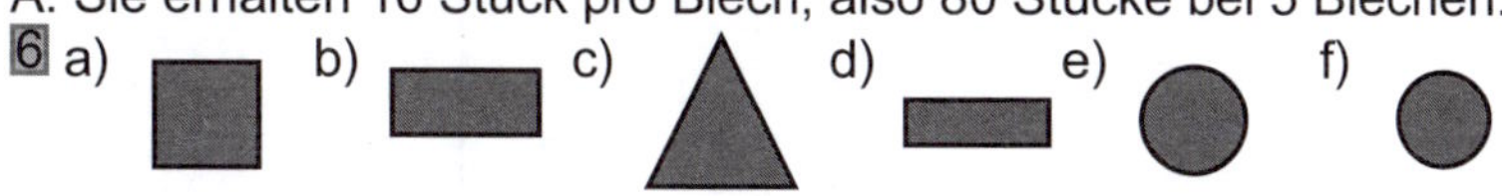

7 808 888
Dreistellige Zahlen mit waagrechter Symmetrieachse gibt es nur, wenn man die 3 oder 8 oben und unten gleich macht.

Seite 63 - Test 11:

1 a) 199 : ☐ = 6 R 13 ⇨ 199 - 13 = 186; 186 : 6 = 31; ⇨ ☐ = 31
b) 37 • 348 + ☐ = 641757 : 3 ⇨ 12876 + ☐ = 213919 ⇨
☐ = 213919 - 12876 = 201043

Seite 63 - Test 11:

2 a) 4090 g + 6004 g - 75 g = 10094 g - 75 g = 10019 g
b) 39,57 € - 1,59 € + 0,68 € = 37,98 € + 0,68 € = 38,66 €

3 a) ▪ bereits vorhandenes Gewicht: 1180 kg + 89 kg + 58 kg + 97 kg = 1424 kg
▪ Zuladung: 1650 kg - 1424 kg = 226 kg
A: Sie dürfen 226 kg zuladen.
b) ▪ bereits vorhandenes Gepäck: 130 kg + 57 kg = 187 kg
▪ noch mögl. Beladung: 226 kg - 187 kg = 39 kg
A: Sie dürfen höchstens noch eine Reisetasche mit 39 kg zuladen, die zwei Reisetaschen können so nicht mehr mit.

4 ▪ Gesamtzahl der Runden: 10000 m : 400 m = 25 Runden
▪ gelaufene Runden: 25 - 5 = 20 Runden
A: Sie sind bereits 20 Runden gelaufen.

5 a) ▪ 1 + 1 + 1 + 1 + 1 = 5 ▪ 6 + 6 + 6 + 6 + 6 = 30
b) ▪ Möglichkeiten 7 zu würfeln: 1 + 6, 2 + 5, 3 + 4
▪ Möglichkeiten 12 zu würfeln: 6 + 6
Für 7 gibt es drei Möglichkeiten, für 12 nur eine.

6 웃 ≙ 10 000 Leuten
1960: 웃 웃 웃 웃 1980: 웃 웃 웃 웃 웃 웃 2000: 웃 웃 웃 웃 웃 웃 웃 웃
1970: 웃 웃 웃 웃 웃 1990: 웃 웃 웃 웃 웃 웃 웃 웃 웃 웃
letztes Jahr: 웃 웃 웃 웃 웃 웃 웃 웃 웃

7
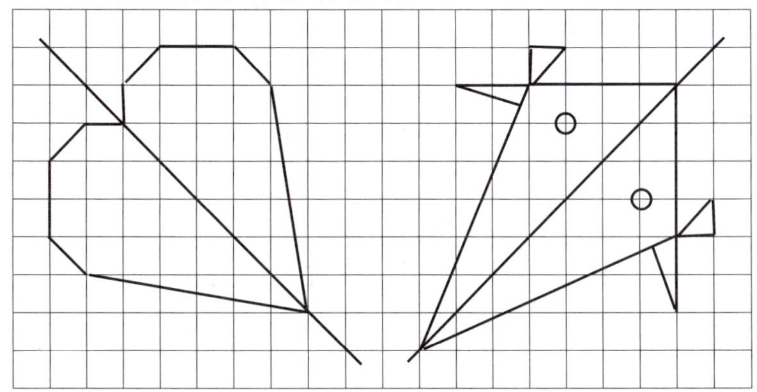

Seite 64 - Test 12:

1 a) 8653 + 3568 = 12221
b) 9975 - 579 = 9396

2 s.n.S.

3 Erbe eines Sohnes: ☐ Erbe einer Tochter: 2 • ☐
☐ + ☐ + 2 • ☐ + 2 • ☐ + 2 • ☐ = 8 • ☐ = 345632 €
☐ = 345632 € : 8 = 43204 €
Erbe eines Sohnes: 43204 € Erbe einer Tochter: 2 • 43204 € = 86408 €

Seite 64 - Test 12:

2

	1	1	8	3	7	5	:	2	5	=	4	7	3	5		3	7	4	·	7	2
-	1	0	0														2	6	1	8	
		1	8	3															7	4	8
	-	1	7	5													2	6	9	2	8
				8	7																
			-	7	5																
				1	2	5															
			-	1	2	5															
						0															

4 a) ▪ km/Minute: 45999 m : 57 = 807 m

A: Er hat in einer Minute durchschnittlich 807 m zurückgelegt.

b) ▪ Zeit: 13.30 Uhr - 12.57 Uhr = 33 min

▪ zurückgelegte Kilometer: 930 m • 33 = 30,690 km

▪ gefahrene Kilometer: 30,690 km + 45,999 km = 76,689 km

▪ noch zu fahrende Kilometer: 135 km - 76,689 km = 58,311 km

A: Er ist noch 58,311 km entfernt.

5 a) Wertmüll pro Person:

Glas 115 kg,	Kunststoff 80 kg,	Papier 90 kg,
Elektrogeräte 15 kg,	Biomüll 35 kg,	Blech 25 kg
Summe: 360 kg		

b) bei 37 Personen:

Glas 4255 kg,	Kunststoff 2960 kg,	Papier 3330 kg,
Elektrogeräte 555 kg,	Biomüll 1295 kg,	Blech 925 kg
Summe: 13 320 kg		

6

¼ r (¾ l)   ¼ l (¾ r)   ½ r (l)   ¼ r (¾ l)

Seite 65 - Test 13:

1 376 + (376 : 2 + 13) + {(376 : 2 + 13) • 2 - 17} + □ = 1000

376 + 188 + 13 + 402 - 17 + □ = 1000 ⇨ □ = 1000 - 962 = 38

A: Die zweite Zahl ist 201, die dritte Zahl ist 385 und die vierte Zahl ist 38.

2 Huberts Rechnung: 290 • 27 + 18 = 7830 + 18 = 7848

richtige Rechnung: 7848 : 72 = 109

3 a) ▪ Übernachtung: 28 • 17 € • 2 = 952 €

▪ Kosten insgesamt: 189 € + 952 € = 1 141 €

A: Der Lehrer muss von den Schülern 1 141 Euro einsammeln.

Seite 65 - Test 13:

3 b) ▪ Omnibuskosten pro Schüler bei 28 Schülern: 189 € : 28 = 6,75 €

▪ Omnibuskosten der drei kranken Schüler: 6,75 € • 3 = 20,25 €

▪ Zusatzkosten für die anderen Schüler; 20,25 € : 25 = 0,81 €

A: Jeder Schüler muss 0,81 € mehr bezahlen.

4 Freizeit 🯅🯅🯅🯅🯅🯅🯅🯅🯅🯅🯅 ☺☺☺☺☺☺

Schulhof 🯅🯅🯅🯅🯅🯅🯅🯅🯅🯅 ☺☺

Schulweg 🯅🯅🯅🯅🯅🯅 ☺☺☺

Unterricht 🯅🯅🯅🯅🯅🯅🯅🯅🯅 ☺☺☺☺

sonstige 🯅🯅🯅🯅🯅

5 a) Wegstrecke in einer Stunde:

5 min • 12 = 60 min ⇨ 3 km • 12 = 36 km

A: Benjamin fährt in einer Stunde 36 km.

b) ▪ Anzahl von 3 km - Etappen; 171 km : 3 km = 57 Etappen

▪ Zeit: 57 • 5 min = 285 min = 4 h 45 min

A: Benjamin braucht 4 h 45 min.

6 erstes Männchen: Körper - Quader, Kopf - Würfel, Hut - Pyramide

zweites Männchen: Körper - Prisma, Hals - Prisma, Kopf - Kugel, Hut - Zylinder

7

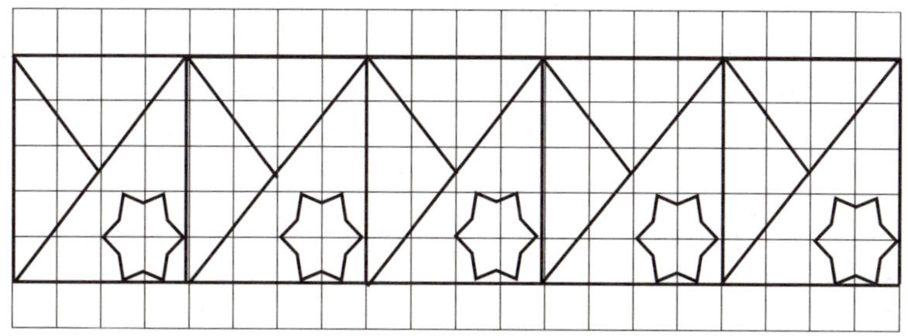

Seite 66 - Test 14:

1

20 000

10954 | 9046

6657 | 4297 | 4749

4722 | 1935 | 2362 | 2387

2 a) 981996

b) 2589 •3 - □ = 9924 : 4 ⇨ 7767 - □ = 2481 ⇨ □ = 7767 - 2481 = 5286

Das Dreifache der Zahl 2589 ist um 5286 größer als der vierte Teil von 9924.

3 a) ▪ Höhe der Spende: 5700 € : 10 = 570 €

A: Die Spende betrug 570 Euro.

b) ▪ Einnahmen bei den teueren Plätzen: 307 • 9 € = 2763 €

▪ Einnahmen bei den billigen Plätzen: 5700 € - 570 € - 1 € - 2763 € = 2366 €

▪ Besucherzahl (billige Plätze): 2366 € : 7 € = 338 A: Es waren 338 Besucher.

Seite 66 - Test 14:

4 ▪ Zeitspanne: 13.29 Uhr - 10.46 Uhr = 2 h 43 min

▪ reine Fahrzeit: 2 h 43 min - 8 • 2 min = 2 h 27 min

A: Die reine Fahrzeit beträgt 2 Stunden und 27 Minuten.

5 Eichhörnchen: 4 cm • 3 = 12 cm; 3,5 cm • 3 = 10,5 cm

Waldameise: 4 cm : 4 = 1 cm

Das Eichhörnchen ist 12 cm groß, der Schwanz 10,5 cm lang; die Waldameise ist 1 cm groß.

6 a) 6 • 4 • 3 = 72 Würfel

b) jeweils 4 Stück in den Längen 6 cm, 4 cm und 3 cm.

c) 8 Kügelchen

7

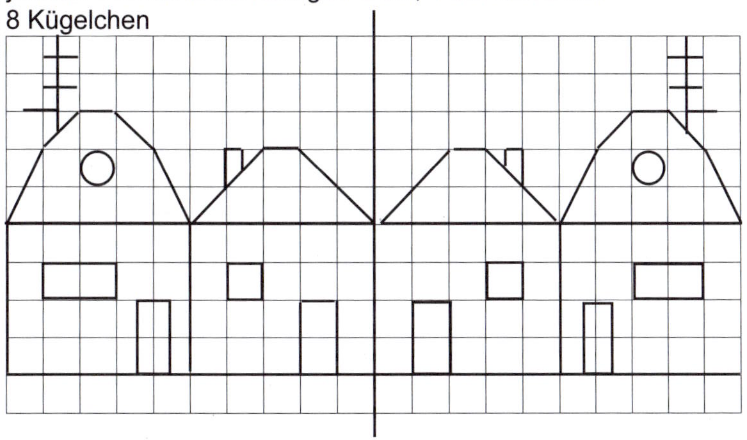

Seite 67 - Test 15:

1 □ • 5 - 20 097 = 11 304 : 3 ⇨ □ • 5 = 3 768 + 20 097 = 23 865

⇨ □ = 23 865 : 5 = 4 773

2 kleinere Zahl = □

⇨ □ + □ + 21 562 = 93 798 ⇨ □ • 2 = 93 798 - 21 562 = 72 236

⇨ □ = 72 236 : 2 = 36 118

⇨ kleinere Zahl: 361 18, größere Zahl 36 118 + 21 562 = 57 680

3 ▪ Höhe der Raten: 1 545 € • 8 = 12 360 €

▪ Barpreis ist □.

▪ □ : 2 + 12 360 € - 320 € = □

⇨ □ : 2 = 12 040 € ⇨ □ = 12 040 € • 2 = 24 080 €

A: Der Barpreis betrug 24 080 €.

4 a) ▪ zweiter Tankwagen: 13 ℓ • 217 s = 2 821 ℓ = 28,21 hℓ

▪ gerettete Ölmenge: 35,10 ℓ + 28,21 hℓ = 63,31 hℓ

▪ versickerte Ölmenge: 65 hℓ - 63,31 hℓ = 1,69 hℓ = 169 ℓ

A: 169 l sind im Erdreich versickert.

b) erste Pumpe: 3 510 ℓ : 9 min = 390 ℓ / min

zweite Pumpe: 13 ℓ / s • 60 s = 780 ℓ. Sie schafft in einer Minute 780 Liter.

Seite 67 - Test 15:

5 a) Wer wird Millionär? 5,95 Mio.
Tagesschau 4,89 Mio.
Gute Zeiten, schlechte Zeiten 3,77 Mio.
heute 3,25 Mio.
Criminal Intent 2,99 Mio.

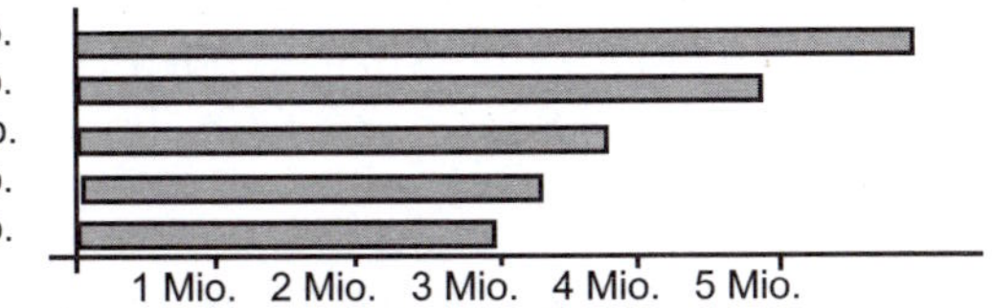

b) Es waren mindestens 5 945 000 und höchstens 5 954 999 Zuschauer.

6 Erstes Männchen: Körper, Hals und Kopf - Zylinder, Hut - Kegel

Zweites Männ.: Körper - Zylinder, Hals - Quader, Kopf- Pyramide, Hut - Kugel

7

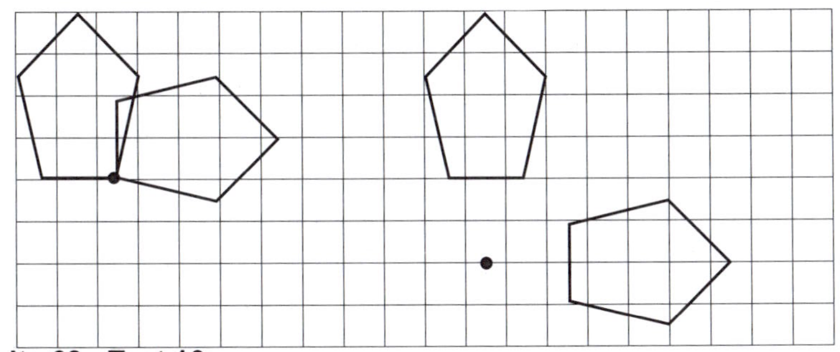

Seite 68 - Test 16:

1 a) 82 576 / b) 6 097

2 $E_1 + E_2 = (1)0$ / $E_1 - E_2 = 4$ ⇨ $E_1 = 2$, $E_2 = 8$ (12 - 8 = 4)

$Z_1 + Z_2 + 1$ (gemerkt) = 9 / $Z_1 - 1$ (entbündeln) - $Z_2 = 5$ ⇨ $Z_1 = 2$, $Z_2 = 6$ (12-1-6)

$H_1 + H_2 = 8$ / $H_1 - 1 - H_2 = 3$ ⇨ $H_1 = 6$, $H_2 = 2$

$T_1 + T_2 = (1)4$ / $T_1 - T_2 = 8$ ⇨ $T_1 = 6$, $T_2 = 8$ (16 - 8 = 8)

$ZT_1 + 1 + ZT_2 = (1)5$ / $ZT_1 - 1 - ZT_2 = 1$ ⇨ $ZT_1 = 8$, $ZT_2 = 6$

$HT_1 + 1 + HT_2 = 11$ / $HT_1 - HT_2 = 6$ ⇨ $HT_1 = 8$, $HT_2 = 2$

Die Zahlen heißen 886622 und 268268.

3 a) ▪ Anzahl der belegten Zimmer: 8509 € : 67 € = 127

▪ nicht belegte Zimmer: 156 - 127 = 29

A: 29 Zimmer waren nicht belegt.

b) Zimmer im Altbau: □

Erdgeschoss alt + Erdg. neu + 1.Stock alt + 1.St. neu + 2.St. alt + 2.St. neu + 3.St. alt + 3.St. neu + 4.St. alt + 4.St. neu = 156 ⇨

□ + 0 + □ + □ + 3 + □ + □ + 3 + □ + □ + 3 + □ + □ + 3 = 156

□ • 9 + 12 = 156 ⇨ □ = 144 : 9 = 16

Im Altbau sind in jedem Stock 16 Zimmer, im Neubau im obersten Stock sind es 19 Zimmer.

4 a) 1 € + 3 • 75 Ct = 3,25 €

A: Er muss 3,25 € zahlen.

b) 1 € + 6 • 25 Ct + 17 • 75 Ct = 15,25 €

Er muss 15,25 € zahlen.

Seite 68 - Test 16:

5 blau - rot, blau - gelb, blau - grün, rot - gelb, rot - grün, grün - gelb
also 6 Möglichkeiten

6 a) 12 Kanten mit der Länge 4 cm: 12 • 4 cm = 48 cm; es geht nicht.
b) 45 cm : 12 = 3,75 cm = 37,5 mm

7 a) verbaut: 38 Bauwürfel, 60 Bauwürfel, 55 Bauwürfel, 52 Bauwürfel
b) zu ergänzen: 26 Bauwürfel, 4 Bauwürfel, 9 Bauwürfel, 12 Bauwürfel

Seite 69 - Test 17:

1 a) □ - 17 893 = 27 038 - 24 895 = 2 143 ⇨
□ = 2 143 + 17 893 = 20 036
b) 5 937 + □ = 6 948 + 3 903 = 10 851 ⇨
□ = 10 851 - 5 937 = 4 914
c) 5 • □ = 41 015 ⇨ □ = 41 015 : 5 = 8 203

2 ▪ fehlendes Geld: 699 € - 560 € = 139 €
▪ Anzahl der Zahlungen: 139 € : 35 € = 3 Rest 34 €
A: Sie muss das Geld viermal sparen und ein Euro bleibt über.

3 56 700 g + (56 700 g + 3 900 g) + (56 700 g - 2 040 g)
+ □ = 200 000 g
56 700 g + 60 600 g + 54 660 g + □ = 200 000 g
171 960 g + □ = 200 000 g ⇨
□ = 200 000 g - 171 960 g = 28 040 g
Der vierte Karton wiegt 28 kg 40 g.

4 ▪ erster Zulauf: 60 ℓ • 180 = 10 800 ℓ
▪ fehlende Menge: 16 290 ℓ - 10 800 ℓ = 5 490 ℓ
▪ beide Zuläufe: 60 ℓ + (60 ℓ : 2) = 90 ℓ
▪ restliche Zeit: 5 490 ℓ : 90 ℓ = 61 min = 1 h 1 min
A: Es dauert noch 1 Stunde und 1 Minute.

5 Säulenschaubild s. rechts
b) ▪ Ersparnis „Auto-Bus" pro Person auf 100 km: 5 kg
▪ bei vier Personen: 4 • 5 kg = 20 kg
▪ auf 900 km: 9 • 20 kg = 180 kg
Die Ersparnis an CO_2 wäre 180 kg.

6

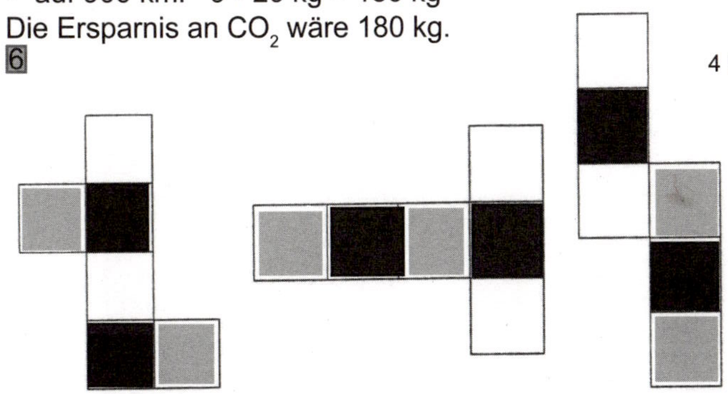

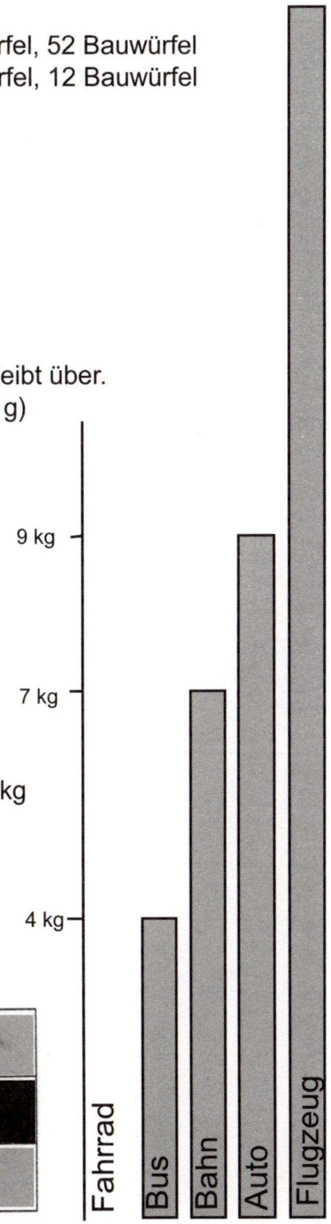

Seite 69 - Test 17:

7

Seite 70 - Test 18:

1

121485312
8112 | 14976
52 | 156 | 96
4 | 13 | 12 | 8

2 a) 328, 330 ... 370, 384, 400 (Regel: + 2, + 4, + 6 ...)
b) 715, 1718 ... 3212, 2707 (Regel: + 1003, - 505)

3 a) 750 ℓ : 30 ℓ = 25
A: Das Öl hätte noch 25 Tage gereicht.
b) ▪ gekaufte Menge Heizöl: 175 500 Ct : 78 Ct = 2 250 ℓ
▪ Tankinhalt: 2 250 ℓ + 750 ℓ = 3 000 ℓ
A: Der Tank fasst 3 000 Liter.
c) 3 000 ℓ • 78 Ct = 234 000 Ct = 2 340 €
Herr Arm hätte 2 340 € zahlen müssen.

4 a) ▪ Stückzahl: 90 + 90 • 2 + (90 • 2 - 80) = 370
▪ gute Ware: 370 - 20 = 350
▪ Einnahmen: 350 • 24 Ct = 8 400 Ct = 84 €
A: Herr Kaufmann nimmt 84 Euro ein.
b) ▪ Einkaufspreis insgesamt: 84,00 € - 21,10 € = 62,90 €
▪ Einkaufspreis pro Apfelsine: 6290 Ct : 370 = 17 Ct
A: Herr Kaufmann hat pro Apfelsine 17 Ct bezahlt.

5 a) rote Hose, rotes Hemd, roter Hut (oder blauer Hut oder gelber Hut) 3 Mögl.
rote Hose, gelbes Hemd, roter Hut (o. bl. H. o. gelber H.) 3 Mögl.
rote Hose, blaues Hemd, roter Hut (o. bl. H. o. gelber H.) 3 Mögl.
entspr. für blaue bzw. gelbe Hose, also 9 + 9 + 9 Mögl. (oder 3 • 3 • 3 Mögl.), insg. 27 Mögl.
A: Der Clown hat 27 Möglichkeiten zum Kombinieren.
b) Entsprechend wie oben 4 • 4 • 4 = 64 Möglichkeiten

6 a) 11 Bauwürfel, 4 B., 7 B., 9 B.
b) 21 B., 4 B., 9 B., 3 B.
c) 53 B., 4 B., 57 B., 18 Bauwürfel

Seite 70 - Test 18:

7

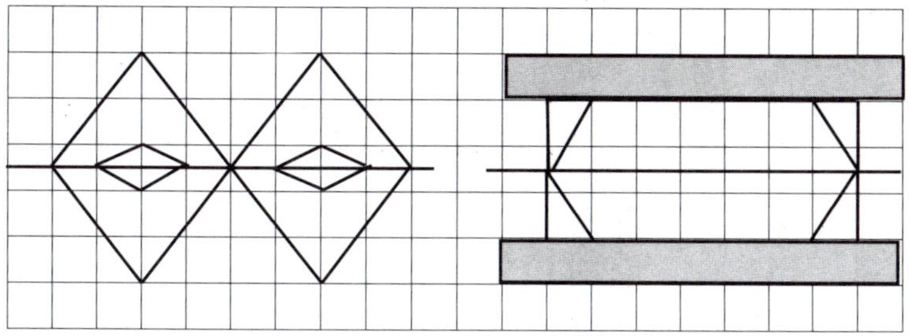

Seite 71 - Test 19:

1 (996 - ☐) • 12 = 996 ⇨ (996 - ☐) = 996 : 12 = 83
⇨ ☐ = 996 - 83 = 913

2

	1	8	5	1	3	6	:	5	7	=	3	2	4	8
-	1	7	1											
		1	4	1										
	-	1	1	4										
			2	7	3									
		-	2	2	8									
				4	5	6								
			-	4	5	6								
						0								

6	3	4	•	1	6
		6	3	4	
		3	8	0	4
	1	0	1	4	4

3 a) ▪ Preis für Gummibärchen (10 • 100 g): 67 Ct • 10 = 670 Ct
▪ Preis für Schokorosinen (7 • 100 g + ½ • 100 g):
78 Ct • 7 + 78 Ct : 2 = 546 Ct + 39 Ct = 585 Ct
▪ restl. Geld: 49,99 € - 6,70 € - 5,85 € = 37,44 €
▪ Hälfte des Geldes: 37,44 € : 2 = 18,72 €
▪ Menge an Marzipantaler: 1872 Ct : 104 Ct = 18; 18 • 100 g = 1800 g
▪ Menge an Pralinen: 1872 Ct : 156 Ct = 12; 12 • 100 g = 1200 g
A: Sie kauft 1,8 kg Marzipantaler und 1,2 kg Pralinen.
b) ▪ Menge an Süßigkeiten: 1 kg + 750 g + 1800 g + 1200 g = 4,750 kg
▪ Gewicht der Trainerin: 4750 g • 12 = 57000 g = 57 kg
A: Die Trainerin wiegt 57 kg.

4 a) Rosi: 270 m - 30 m = 240 m; Evi: 270 m + 30 m = 300 m
Rosi ist 240 m, Evi 300 m in einer Minute gelaufen.
b) Rosi: 240 m : 60 = 4 m; Evi: 300 m : 60 = 5 m
A: In einer Sekunde läuft Rosi 4 m und Evi 5 m.
c) Evis restl. Weg: 240 m; 240 m : 5 m/s = 48 s. Evi braucht noch 48 Sekunden.
Rosis zurückgelegter Weg in 48 s: 48 s • 4m/s = 192 m;
Rosis restlicher Weg: 270 m • 2 - 240 m - 192 m = 540 m - 432 m = 108 m

Seite 71 - Test 19:

6 a) 43 (3 • 14 + 1) / 60 (4 • 14 + 4) /
76 (5 • 14 + 6) / 86 (6 • 14 + 2)
b) Summe aller Augen eines Würfels: 3 • 7
20 (3 • 21 - 43) / 24 (4 • 21 - 60) /
29 (5 • 21 - 76) / 40 (6 • 21 - 86)

5

Seite 72 - Test 20:

1 a) 469 cm + 456 cm + 75 cm + 230 cm =
1230 cm = 12,3 m
b) 4 h 45 min + 3 h 30 min + 30 min +
24 min + 45 min = 7 h + 1 h + 1 h + 30 min + 24 min = 9 h 54 min

2 467 239 - 378 469 = 88 770 / 532 596 : 6 = 88 766
Zahlen: 88 767, 88 768, 88 769

3 a) ▪ Einkaufspreis: 200 • 30 Ct = 6 000 Ct = 60 €
▪ fünfter Teil: 200 : 5 = 40, Rest: 200 - 40 = 160, Hälfte: 160 : 2 = 80
▪ Einnahmen bis 12 Uhr: 80 • 60 Ct = 4800 Ct = 48 €
▪ Rest: 80 • 35 Ct = 2 800 Ct = 28 €
▪ Gesamtgewinn: 48 € + 28 € - 60 € = 16 €
A: Er hat 16 Euro Gewinn gemacht.
b) ▪ Einnahmen nach 12 Uhr: (80 - 17) • 45 Ct = 63 • 45 Ct = 28,35 €
▪ Mehrgewinn: 28,35 € - 28 € = 0,35 €
A: Er hätte 35 Ct mehr Gewinn gemacht.

4 a) ▪ Zeitspanne der Abwesenheit von 7.19 Uhr bis 14.30 Uhr:
41 min + 6 h + 30 min = 7 h 11 min
▪ Fahrzeit: 7 h 11 min - 26 min - 1 h 45 min = 5 h
▪ zurückgelegte Strecke: 5 h • 75 km / h = 375 km
A: Er ist 375 km gefahren.
b) ▪ Benzinmenge: 8,4 l • 5 = 42 l
▪ Preis: 1,49 € • 42 = 62,58 €
A: Das Benzin für die Fahrt kostet 62,58 Euro.

5 a) Bayern 7000 t , Rheinland-Pfalz 1500 t , Hessen 2500 t ,
Niedersachsen 5500 t , Nordrhein-Westfalen 6000 t
b) In Bayern wurden 5500 t mehr Erdbeeren geerntet.

6 a) 12 Bauwürfel, 26 B., 14 B., 10 B.
b) 4 B., 1 B., 13 B., 54 B.
c) 52 B., 1 B., 13 B., 54 B.

7

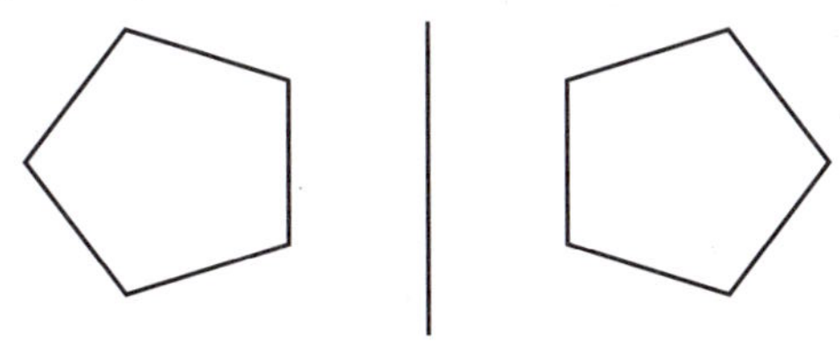